常见蘑菇
野外识别手册

主编　肖 波　范宇光

重庆大学出版社

图书在版编目（CIP）数据

常见蘑菇野外识别手册/肖波，范宇光主编.—重庆：重庆大学出版社，2010.4（2023.9重印）
（好奇心书系）
ISBN 978-7-5624-5331-4

Ⅰ.常…　Ⅱ.①肖…②范…　Ⅲ.①蘑菇—识别—手册　Ⅳ.①S646.1-62

中国版本图书馆CIP数据核字（2010）第043012号

常见蘑菇野外识别手册

主编：肖　波　范宇光
策划：鹿角文化工作室
编著者：肖　波　范宇光　胡开治　易思荣　秦立武
摄影：易思荣　张植玮　肖　波　范宇光　刘燕琴
林茂祥　张　军　黄红燕　刘　旭
封面摄影：徐　健
责任编辑：梁　涛　文　雯　装帧设计：程　晨
责任校对：张洪梅　责任印制：赵　晟

*

重庆大学出版社出版发行
出版人：陈晓阳
社址：重庆市沙坪坝区大学城西路21号
邮编：401331
电话：(023) 88617190　88617185（中小学）
传真：(023) 88617186　88617166
网址：http://www.cqup.com.cn
邮箱：fxk@cqup.com.cn（营销中心）
全国新华书店经销
重庆长虹印务有限公司印刷

*

开本：787mm×1092mm　1/32　印张：6.625　字数：224千
2010年4月第1版　2023年9月第12次印刷
印数：34 001—39 000
ISBN 978-7-5624-5331-4　定价：39.00元

前言·FOREWORD

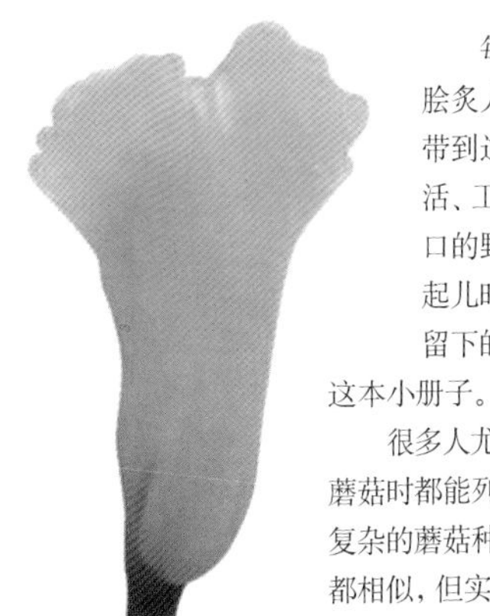

每当听到“采蘑菇的小姑娘……”这首脍炙人口的儿歌时，往往能将人们的思绪带到过往的童年，对我们大多数忙碌于生活、工作的人来说，那些色彩缤纷、美味可口的野生蘑菇只能存留在记忆中，为了唤起儿时的回忆，指引人们亲近、认识大自然留下的这类宝贵“财产”，我们特意编写了这本小册子。

很多人尤其是具有农村生活经历的朋友在谈到蘑菇时都能列出一大堆名字，但是要准确识别纷繁复杂的蘑菇种类却不是那么容易。有人说蘑菇看着都相似，但实则又似不同，极微细的差别都可能会让人“走眼”。另一方面，蘑菇与其生长的环境密切相关，同一种蘑菇在不同环境中都可能有所差异，这为我们正确识别增加了难度，这些对我们具有一定专业知识的人来说要开展这项工作都是很头痛的事情。对于广大蘑菇爱好者来说，能了解蘑菇基本特征、认识常见蘑菇的一些种类就足够了。

蘑菇具有多方面的利用价值，其中极重要的方面就是食用，我们耳熟能详的香菇、银耳、牛肝菌就是这方面的重要代表，我们喜欢其鲜美的味道、丰富的营养，相比大自然中数以百千计的食用蘑菇来说，我们当前能尝到的种类仅是凤毛麟角。除此之外，很多蘑菇还有重要的药用价值，像冬虫夏草、灵芝、茯苓、猪苓等千百年来就备受人们重视，长期以来在人们防病、治病过程中发挥着重要的作用。自然界中除了美味的食用菌和重要的药用菌之外，还有一大类能伤害人体健康甚至使人致命的毒蘑菇，由于人们对这一类菌缺乏科学的认识，民间的鉴别方法不科学、不可靠，导致蘑菇中毒乃至死亡的事故屡有发生。为此，我们特意收录了我国各个区域常见的蘑菇种类，对其形态特征、生态习性、分布和用途分别作了简单的描述，但愿对蘑菇识别，合理利用，避免中毒事故发生能起到抛砖引玉的作用。

这本小册子凝聚了编著者和照片拍摄者的艰辛劳动。在蘑菇鉴定和成书过程中，我们得到了中国科学院微生物研究所庄文颖院士，中国科学院昆明植物研究所杨祝良研究员、冯邦博士、李艳春博士，中国科学院植物研究所陈彬博士,美国密歇根大学金文驰博士等专家和朋友的支持与帮助,编著者所在单位重庆市药物种植研究所和吉林省长白山科学研究院领导为我们提供了时间保障和工作的便利，在此一并致谢!

由于时间仓促，编著者水平有限，书中的问题和错误在所难免，恳请广大专家、学者和蘑菇爱好者予以批评指正。

肖　波

2009 年 7 月

目录 CONTENTS

MUSHROOMS

蘑菇入门知识

一、什么是蘑菇

蘑菇，又称菇、菌、蕈菌等，为大型真菌的俗称，它是菌物界中可形成大型子实体（菇体、菌体）的一大类真菌群。相较于植物和动物，蘑菇最主要的特征表现为以下几个方面：

1.形态结构较为简单；

2.所需营养通过菌丝分解或吸收生长基质成分获得；

3.大多数蘑菇菌体寿命短暂；

4.蘑菇的发生需要适宜的生长条件，具有一定的偶然性。

二、蘑菇的形态结构

蘑菇的传统分类主要以形态作为鉴别特征，因此，识别蘑菇首先要了解形态结构特点。蘑菇的整体结构主要包括菌盖、菌肉、菌褶、菌柄、孢子，部分蘑菇还有菌环、菌托等结构。

蘑菇的整体结构

（一）菌盖

菌盖的识别特征主要包括形状、大小、颜色、表面覆盖物等。

浅绿色的扁半球形菌盖　橙红色的圆锥形菌盖
具有放射状条纹的半圆形菌盖　淡红褐色斗笠形菌盖
表面具环带的脐状菌盖　表面密被刺状鳞片的菌盖

（二）菌肉

菌肉特征主要包括颜色、质地、厚薄、乳汁情况等。

（三）菌褶

菌褶的区别主要表现在着生方式、颜色、疏密、长短、受伤变色情况等。

延生的菌褶

直生的菌褶（白色）

离生的菌褶（黑褐色）

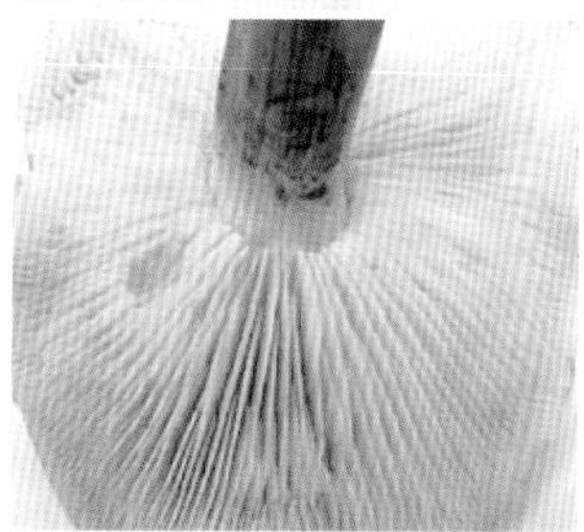
弯生的菌褶

（四）菌柄

菌柄的特征主要表现为长短、大小、形状、质地、颜色、覆被物等情况。

光滑的菌柄

密被绒毛的菌柄

上下等粗的菌柄

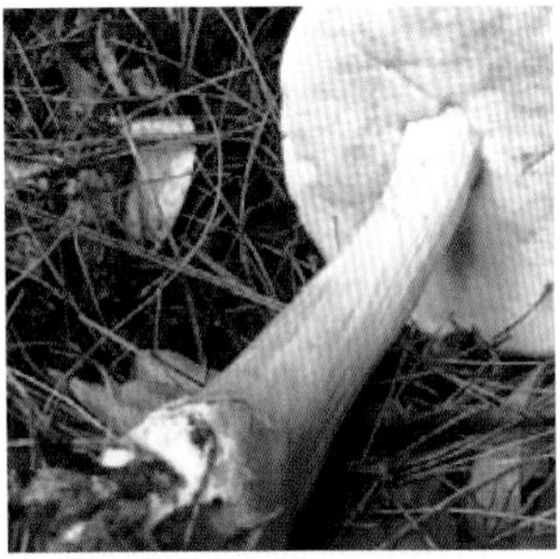

上下不等粗的菌柄

（五）菌环

菌环特征主要表现为颜色、质地、生长位置等。

橙黄色菌环

浅灰色菌环

（六）菌托

菌托的区别表现在形状、大小、颜色、开裂情况等。

袋状菌托

杯状菌托

（七）孢子

孢子为蘑菇的微观构造，需在显微镜下进行观察，是鉴定种级水平的重要指标，其鉴别特征主要表现为形状、大小、颜色、表面情况等。

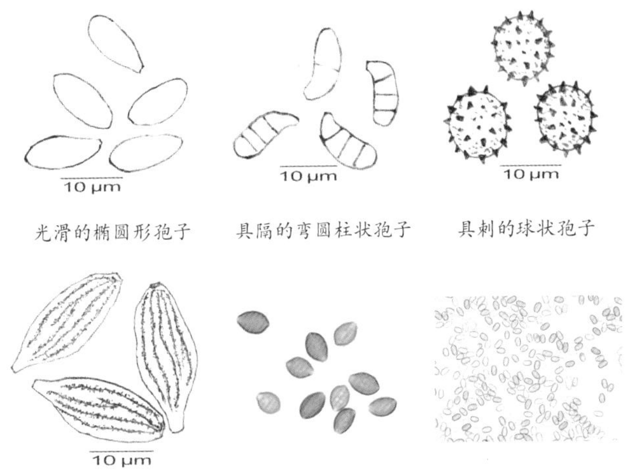

光滑的椭圆形孢子　具隔的弯圆柱状孢子　具刺的球状孢子

具棱脊的长椭圆形孢子　多脂翘鳞伞的孢子　显微镜下的无环斑褶菇孢子

三、蘑菇的自然生态

（一）生态习性

不同蘑菇的生长习性各不相同，有的单个生长，有的成群生长，有的成簇生长，有的叠瓦状生长，等等。从与生长基质的关系来看，有的着生于枯树、粪草上，属腐生菌；有的生于活立木上呈寄生关系；有的在活树根上生长，与树木建立共生关系，为外生菌根菌。

腐生，单生

腐生，群生

寄生，覆瓦状叠生

地生，丛生

（二）生长场地

不同蘑菇生长场地不同，同种或同类蘑菇生长地相似，诸如木腐性、共生性的蘑菇常生于林下；粪草腐生性的蘑菇生于草地、林内、林缘、耕地、田园等，多数蘑菇喜欢阴湿环境。

（三）生长季节

不同蘑菇生长季节不一致，有的全年可生长，有的发生在一年中的某段时间，总体来看，以春秋季节生长的蘑菇为多。

（四）地域分布

蘑菇呈较明显的地域分布特点，不同种类地域分布不一致，我国幅员辽阔，资源丰富，各大区域蘑菇种群各有特色。

四、蘑菇的资源及其利用价值

（一）蘑菇的资源

蘑菇资源丰富，种类繁多，据估计，全世界蘑菇超出20 000种，当前已知近10 000种，我国有记录近4 000种。根据蘑菇孢子的着生方式，可将其分为子囊菌和担子菌两大类。

子囊菌——盘菌类

子囊菌类蘑菇孢子着生于呈囊

状的子囊内，一般多个排列，形状多样，多呈卵形、椭圆形、近球形、线形等，子实体外观形态多样，往往为盘状、杯状、球状、棒状。该类蘑菇数量较多，虫草、羊肚菌、块菌为其重要代表。担子菌孢子着生于呈球形、卵形、锥形、棒形等多种形态的担子上，子实体一般为肉质、胶质、木质或革质，多数具菌盖、菌柄、菌褶（菌管）等结构的分化。该类蘑菇数量众多，我们平常食用的木耳、香菇、金针菇、竹荪等食用菌以及常用的灵芝、茯苓等药用菌为其常见成员。

子囊菌——炭角菌类

子囊菌——羊肚菌类

担子菌——珊瑚菌类

担子菌——耳状菌类

担子菌——多孔菌类

担子菌——伞菌类

（二）蘑菇的利用价值

1. 食用

不少蘑菇味道鲜美、营养丰富，广受人们喜爱，像我们平常食用的平菇、香菇、金针菇等为最常见的食用菌，除此之外，自然界中尚有大量美味食用菌，当前被人们食用的仅为一小部分，利用前景可观。

相对于食用蘑菇，自然界中尚有一类含有毒素并能致人伤害甚至死亡的毒蘑菇，由于人们对这一类菌缺乏科学的认识，导致中毒乃至死亡的事故屡有发生。毒素为蘑菇的固有属性，难于从外观进行判断，民间的很多方法不科学、不可靠，只有通过认识毒菌种类，在采食过程中有意避开这类蘑菇才能避免不幸事故的发生。

极美味食用菌——白柄蚁巢伞

剧毒蘑菇——白鹅膏

2. 药用

自然界中不少蘑菇含有特殊的活性物质，具有明显的药用效果，像我们熟知的冬虫夏草、灵芝、茯苓等即为这一类。随着人们认识的不断深入，越来越多的蘑菇被发现有重要的药用价值，这一领域的研究和应用正快速发展。

重要的药用菌——灵芝

最常用的药用菌——茯苓

3. **其他价值**

除了食用和药用外，不少蘑菇必须与某些植物建立共生关系才能成活，同时可促进植物的生长，在营林方面有重要的利用价值；腐生蘑菇可分解有机质，对加快养分循环有重要作用；此外，某些蘑菇的代谢物在化工方面有潜在的利用价值。

典型的菌共生植物——天麻

奇特的昆虫共生菌——蚁巢伞

五、蘑菇的一生

蘑菇在生活过程中包括菌丝体生长和子实体生长两个阶段。首先散落在基质中的孢子萌发生长形成菌丝体，菌丝体经过一定时间的生长发育，成熟后在适宜的条件下产生子实体，子实体再产生孢子，这一过程即是蘑菇的整个生命周期。

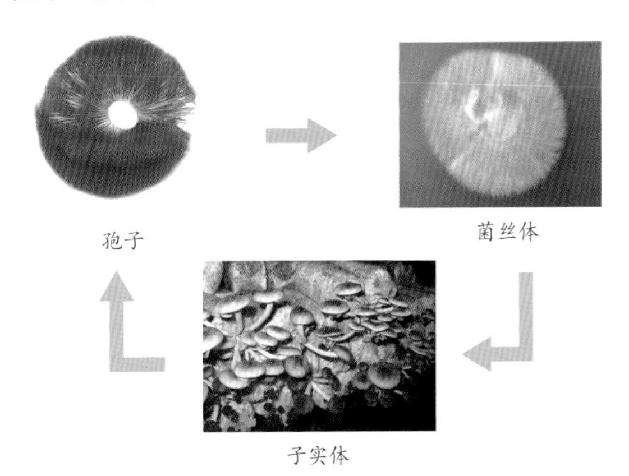

种类识别

肉座菌目 Hypocreales

该目以前分为肉座菌目和麦角菌目，新近证明了两者具有同源性，合并为同一目，冬虫夏草和竹黄是本目的重要成员，其主要特征是菌体体型较小，色彩淡或鲜艳，孢子为内生芽殖型，球形或针状。部分种类寄生于昆虫或其蛹体上，部分着生于竹木或粪便，具有寄生或腐生性。该类真菌有些具有重要的药用价值，也有不少种类对植物和昆虫产生严重致病作用，益害两方面都表现得比较明显。

麦角菌科 Clavicipitaceae

加拿大虫草

Cordyceps canadensis

子实体高5.5～8.5 cm，柄长5～7.8 cm，粗0.5～1.0 cm，多弯曲，不分枝，表面有纵纹，鲜时顶部有蛇皮状细鳞片，黄褐色，内部白色；孢子无色，光滑，长梭形，300～400 μm × 15～20 μm。春秋季节单个或多个生于大团囊菌上。

分布于东北地区。

蛹虫草

Cordyceps militaris

别名：北冬虫夏草、北虫草。

子实体单生或数个生于寄主头部或节部，不分枝，黄至橙黄色，长2.5～9.5 cm，粗0.25～0.55 cm；头部棒状，顶端钝圆，黄色，长0.6～3 cm，粗0.3～0.55 cm；孢子蠕虫形，145～550 μm × 4～6 μm，常断裂成小段。春夏季生于阔叶林下埋于腐殖土中鳞翅目昆虫的蛹上。可入药，是重要的药用真菌。

分布于吉林、河北、安徽、重庆、四川、贵州等地。

椿象虫草

Cordyceps nutans

子实体从虫体胸部长出，单根，有时2～3根，长4～12 cm，头部梭形或短圆柱形，橙红色，长0.5～1.5 cm，粗0.1～0.3 cm；柄常弯曲，细长，黑色，与头部相连处为橙至橙红色；孢子蠕虫形，500 μm × 5～8 μm，常断裂成小段。夏秋季生于阔叶林草丛中半翅目昆虫上，对半翅目昆虫等有杀伤力。

分布于安徽、浙江、重庆、贵州等地。

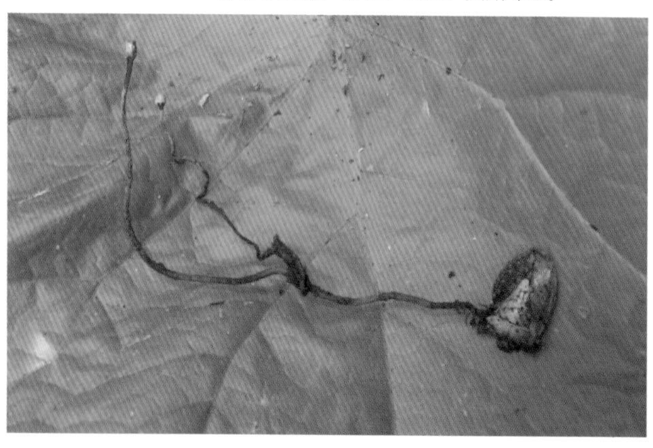

辛克莱虫草

Cordyceps sinclairii

子实体从寄主头部长出，多个，棒状，高2.5～3.5 cm；头部纺锤形，上部分枝成棒状、扫状或球簇状，高1.0～2.0 cm，粗0.2～0.3 cm，黄褐色；子囊壳卵形，180 μm × 270 μm；寄主密被白色菌丝膜。夏秋季生于林中土内蝉的若虫上。

分布于福建、重庆等地。

斜链棒束孢

Isaria catenioblíqua

菌体小，红色，指状，一般不分枝，形成孢子后变为白色至淡粉红色；菌体基部柱状或稍膨大，上部变细；分生孢子多长圆形，2.5～10 μm × 1～2.5 μm，形成不同角度倾斜排列的长链。春秋季节于某些昆虫或其蛹上群生，对某些昆虫有杀伤力，可用于生防试剂的研制。

分布于重庆、贵州等地。

日本棒束孢

Isaria japonica

菌体小型，高2～3 cm；头部粉末状，白色，分枝；柄细小，米黄色至淡黄色，近圆柱形，长0.5～1 cm，粗0.1～0.2 cm；孢子椭圆形，4～5 μm × 1～3 μm。夏秋季生于土中鳞翅目昆虫蛹上，对某些鳞翅目昆虫有杀伤作用。

分布于江苏、重庆、四川、云南等地。

炭角菌目 Xylariales

该目真菌具暗色革质、木质或炭质的菌体（子囊壳），体型较小，孢子生于子囊内，无色或暗色，单孢至多孢，形状多样，多呈卵圆形、椭圆形或梭形等形状。此类菌一般生于枯树上，偶有粪便或白蚁巢上生长。该目真菌种类相对较少，少部分具有一定的药用价值，总体上对这一类群真菌关注不多。

炭球

Daldinia concentrica

别名：黑轮炭球菌、黑轮层炭壳

子实体小型，半球形至球形，直径1～4 cm，灰褐色至黑褐色，坚硬，成熟后粉末状；内部暗褐色，具黑色同心环带；无柄；孢子暗褐色，长椭圆形，10～15 μm × 5.5～8 μm。春季至秋季于阔叶树树桩、枯干的树皮上单生或群生。入药用于治惊风。

分布于吉林、内蒙古、新疆、甘肃、陕西、四川、重庆、湖北、广西、广东等地。

鹿角炭角菌

Xylaria hypoxylon

别名：团炭角菌

子实体较小，高3～7 cm，不分枝到分枝；圆柱形至扁平，呈鹿角状，顶端生长点橙红至白色，后期呈黑色，基部黑，有细绒毛；顶部尖或扁平并呈鸡冠状；孢子黑色，卵圆形，8～12 μm × 5.5 μm。春至秋季于腐木或树桩上群生，对木材有较弱分解力。

分布于广东、重庆、云南、西藏等地。

黑柄炭角菌
Xylaria nigripes

别名：乌苓参

子实体小型，香柱状，长5～15 cm，头部圆柱形，顶端钝，初期白色，后变灰褐色至黑色；柄细长，黑色，基部连于菌核上，菌核卵圆形，暗褐色，5～7 cm × 3～4 cm；孢子灰褐色，椭圆形，4～6 μm × 2～3 μm。春季至秋季于白蚁巢上单生或丛生。可入药，具广泛的药用价值。

南方地区广泛分布。

多形炭角菌
Xylaria polymorpha

别名：炭棒

子实体中等，单生或多数成族着生；呈棒形、椭圆形、近球形等多种形状，高3～12 cm，粗0.5～2.2 cm；质硬，内部肉色，表皮暗色或黑褐色至黑色；柄部较细，黑色；孢子梭形，黑褐色，22～30 μm × 6～8 μm。夏季至秋季生于阔叶树腐木上，为纤维素分解菌。据载可入药。

分布于河北、江苏、江西、湖南、重庆、云南等地。

该目真菌普遍具有艳丽的色彩，每每让人心旷神怡，菌体小到大型，呈盘状、杯状或柱状，外表光滑或有毛状物，孢子生于子囊内，多个成行排列。此类菌一般生于腐木或土面上甚至土内，种类较多，为子囊菌中较大的目，部分具有重要利用价值，羊肚菌和块菌是该目中味道极美的类群，需要注意的是这类真菌中有少数具有毒性，采食时需要特别留意。

盘菌科
Pezizaceae

橙黄网孢盘菌

Aleuria aurantia

别名：橘皮菌

子实体中等大；浅杯至浅盘状，宽3～10 cm，内侧橙黄色，外部白色，近光滑，边缘呈微波浪状；无柄或具短柄；子囊孢子椭圆形，外壁具疣并呈网状，18～24 μm × 9～11 μm。春季至初夏于林中地上群生。可食，但生食会中毒。

分布于吉林、山西、重庆、西藏等地。

肋状皱盘菌
Disciotis venosa

别名：脉盘菌

子实体中等大，浅碗状，直径4～8 cm；表面褐色，有皱纹，背面白色至淡黄色；柄短，纵肋状；子囊椭圆形，内有单行排列的8个孢子。春秋季节于林中地上单生或散生，对枯枝落叶有较弱分解力。

分布于贵州、福建等地。

兔耳侧盘菌
Otidea leporina

别名：地耳

子实体小型，一侧延生，呈兔耳状，高3～5 cm，宽1～3 cm，表面赭黄色至茶褐色，背面浅灰色至污黄色；柄短，乳白色；孢子无色，椭圆形，12～14 μm × 6～8 μm。夏秋季于林中地上群生或近丛生。可食。

分布于黑龙江、吉林、陕西、四川、新疆等地。

泡质盘菌

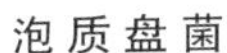

Peziza vesiculosa

别名：粪碗

子实体中等大小，有时可达14 cm；初期近球形，逐渐伸展呈杯状，无菌柄；子实层表面近白色，逐渐变成淡棕色，外部白色，有粉状物；菌肉白色，质脆，厚达3～5 mm；孢子椭圆形，20～24 μm × 11～13 μm。夏秋季生于空旷处的肥土及粪堆上，往往成群生长在一起。可食用，但需慎重处理，不可多食。

分布于河北、吉林、河南、江苏、云南、台湾、四川、西藏等地。

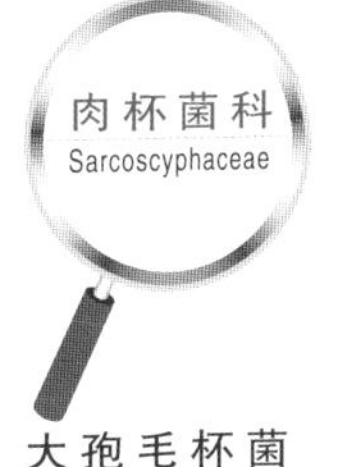

大孢毛杯菌

Cookeina institia

子实体小型，高脚杯状，菌盖直径0.2～1 cm，深0.3～1 cm，近白色，边缘有毛；柄白色，中空，长0.5～3.5 cm，粗0.1～0.2 cm；孢子无色，梭形，40～58 μm × 9～12 μm。夏秋季于林间阴湿处腐木上群生或散生，对木材有较弱分解力。

分布于西南、华南等地。

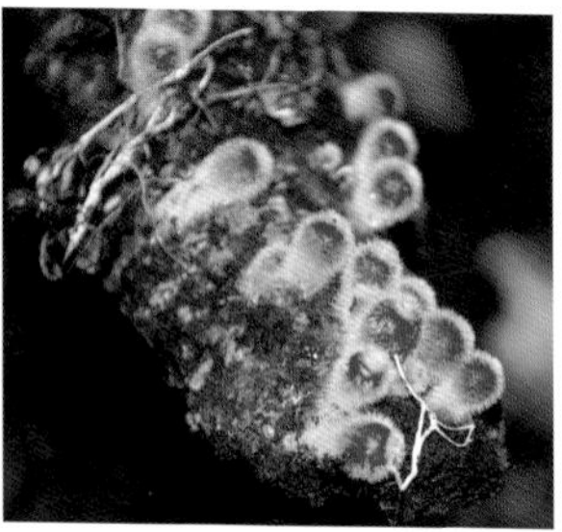

长白小口盘菌
Microstoma floccosum var. *floccosum*

别名：白毛杯

子实体小型，漏斗状至杯状，直径0.3～0.8 cm，深0.3～0.5 cm，粉红色或橙红色，外被白毛；柄浅黄色，长0.5～4.5 cm，粗0.1～0.2 cm；孢子无色，长椭圆形，20～40 μm × 10～16.5 μm。夏秋季于枯枝、腐木上单生或群生，对枯木有较弱分解力。

分布于北京、重庆、四川、云南等地。

肉杯菌
Sarcoscypha coccinea

子实体小至中型；子囊盘杯状，2～8 cm，有柄至近无柄，边缘常内卷，表面朱红色，光滑，背面白色或近白色，柄长0.3～1.5 cm，粗0.5～0.6 cm；孢子长椭圆形，22～30 μm × 9～12 μm。春季至秋季生于林下腐木上，为木材分解菌。

分布于浙江、福建、重庆、贵州、云南等地。

柯夫肉杯菌

Sarcoscypha korfiana

子实体小型，盘状或浅杯状，直径0.5～3 cm，盘内表面光滑，鲜黄色至橘黄色；外侧白黄色，具短绒毛；有或无柄，柄长0.5～2 cm，浅黄色；孢子无色，椭圆形，12～25 μm × 7～10 μm。春秋季节于林中腐木上散生，对枯木有较弱分解力。

分布于吉林、湖北、重庆等地。

平盘肉杯菌

Sarcoscypha mesocyatha

子实体小到中型；菌盖平展，表面略呈波状，直径1.0～3.5 cm，猩红色，下表面白色或具红色色调；无柄或近无柄；孢子无色，椭圆形至矩椭圆形，20～28 μm × 7.5～11 μm。秋冬之交于林中腐木、枯枝上单生或群生，对枯木有较弱分解力。

分布于四川、重庆、贵州、云南等地。

神农架肉杯菌
Sarcoscypha shennongjiana

子实体小到中型，盘状至杯状，直径1～5 cm或更大，上表面橙红色至红色，光滑，下表面近白色；无柄或有柄，柄长0.5～3 cm；孢子无色，16～28 μm × 8～12 μm。春秋两季于阔叶树腐木上散生，对腐木有较弱分解力。

分布于湖北、湖南、重庆、贵州等地。

黑龙江盖尔盘菌
Galiella amurensis

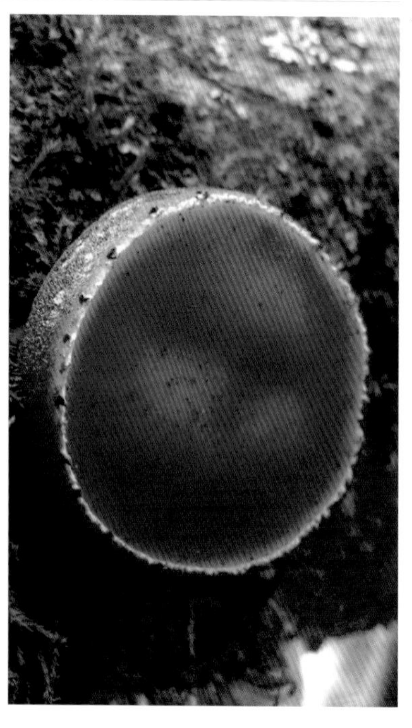

别名：云杉胶鼓菌

子实体盘状，直径5～23 cm，菌肉胶质，厚2～4 cm；子实层黄褐色，子层托表面深褐色，被毛毡状绒毛；孢子长椭圆形，35～40 μm × 12～14 μm。夏季生于针叶树腐木上，对腐木有较弱分解力。

分布于吉林、黑龙江等地。

大胶鼓
Galiella celebica

子实体小到中等大，呈半球形或倒圆锥形，直径3～6 cm，高2～4 cm，灰褐色至黑褐色；上表面光滑，平坦，盘缘及外侧被短绒毛；孢子无色或淡黄色，椭圆形或纺锤形，35～45 μm × 16～20 μm。夏秋季于阔叶林中枯枝、枯木上单生或散生，对枯木有弱分解力，并可指示大气质量。

分布于浙江、福建、重庆、云南等地。

暗盘菌
Plectania melastoma

子实体小型；子囊盘直径1～3 cm，杯状至浅杯状，边缘内卷，革质，黄褐色至锈褐色；子实层黑褐色，表面密被褐色绒毛；柄短，0.1～0.5 cm，黑褐色；孢子椭圆形，22～26 μm × 8～11 μm。春夏之交于林中腐木上单生或散生，对枯木有较弱分解力。

分布于重庆、西藏、海南等地。

假暗盘菌
Pseudoplectania nigrella

子实体小型，平盘状至浅杯状，直径1～3.5 cm，暗红褐色至近黑色，中部色深，边缘常褶皱，表面被细绒毛；菌肉暗褐色，脆骨质，薄；无柄或有短柄；孢子球形，直径10～14 μm。春夏之交于云杉腐木或苔藓间单生、散生或群生。

分布于湖北、重庆、四川、西藏等地。

羊肚菌科
Morchellaceae

黑脉羊肚菌
Morchella angusticeps

子实体中等大；菌盖较长，圆锥形至近圆柱形，长4～5 cm，粗2.5～3.5 cm，表面小凹坑呈长方形，纵向排列，淡褐色，棱纹黑色；菌柄长2.0～5.5 cm，粗1.5～2.5 cm，乳白色；孢子单行排列，20～26 μm × 13～15.3 μm。春夏之交于云杉、冷杉等林中地上群生。可食用，为著名美味食用菌。

分布于新疆、甘肃、内蒙、山西、重庆、四川、云南等地。

尖顶羊肚菌

Morchella conica

别名：圆锥羊肚菌、阳雀菌

子实体中到大型；菌盖长3～5 cm，粗2～3 cm，近圆锥形，淡褐色，表面小凹坑纵向排列；菌柄白色，长4～6 cm，粗1～3 cm，上部光滑，下部具沟槽，中空；孢子无色，长椭圆形，18～25 μm × 10～15 μm。春夏之交于林中地上散生或群生。可食用，为著名美味食用菌。

分布于北京、河北、山西、江苏、湖南、重庆、云南等地。

粗柄羊肚菌

Morchella crassipes

别名：粗腿羊肚菌、阳雀菌

子实体中等大小；菌盖近圆锥状，高5～9 cm，粗5～6 cm，淡黄色，表面小凹坑大，浅，棱脊薄，相互交织；菌柄白色至淡黄色，长8～15 cm，粗3～5 cm，基部膨大，中空；孢子无色，椭圆形，20～25 μm × 15～18 μm。春夏之交于林中地上单生、散生或群生。可食用，为著名美味食用菌。

分布于新疆、甘肃、陕西、重庆、云南等地。

羊肚菌

Morchella esculenta

别名：美味羊肚菌、羊肚菜

子实体中到大型；菌盖长4～8 cm，粗2～6 cm，圆锥状或近球形，顶端钝，淡黄色，表面凹坑小，密，不规则；菌柄近白色，长2～6 cm，粗1～4 cm，基部膨大，具不规格凹槽；孢子无色，长椭圆形，18～28 μm × 10～12 μm。春夏之交于阔叶林中地上单生、散生或群生。可食用，为著名美味食用菌。

分布于新疆、甘肃、四川、陕西、山西、河北、吉林等地。

皱盖钟菌

Ptycheverpa bohemica

别名：波地钟菌

子囊果小，高4～13 cm；菌盖钟形，高2～3 cm，宽1.5～3 cm，菌盖黄褐色到浅褐色，有纵向沟槽又相互交织的棱，盖的下表面污白色，具有横向排列的细小鳞片，长8～12 cm，粗达1 cm左右；孢子椭圆形，5.8～7.8 μm × 16～20 μm。夏秋季于阔叶林中地上单生或散生。据记载可食用，但有的记述有毒，慎食。

分布于陕西、甘肃、新疆等地。

马鞍菌科
Helvellaceae

鹿花菌
Gyromitra esculenta

别名：河豚菌

子实体中等大；菌盖褶皱呈脑状，褐色至黑褐色，高达8～10 cm，直径4～8 cm；菌柄污白色，内部空心，表面粗糙，长4～5 cm，粗0.8～2.5 cm；孢子椭圆形，16～23 μm × 7.5～9 μm。春季至夏季初于阔叶林中地上单生或散生。此种菌有毒，含溶血素，不能采食。

分布于黑龙江、重庆、四川、云南、西藏等地。

赭鹿花菌
Gyromitra infula

别名：赭马鞍菌

子实体中等大；菌盖土红色至红褐色，表面有不规则皱坑，马鞍状，宽4～8 cm；菌肉淡灰褐色，薄；菌柄白色至淡红褐色，长3～8 cm，粗0.5～1.5 cm；孢子无色，椭圆形，16～22 μm × 8～12 μm。夏秋之交于林中地上散生。该种有毒，谨慎采食。

分布于吉林、山西、陕西、甘肃、青海、新疆等地。

平盘鹿花菌
Gyromitra perlata

子实体小到中等大；菌盖宽可达7 cm，杯状或碗状至扁平，红褐色，边缘稍内卷，囊盘被白色，带淡土黄色调；有短柄，柄具条状棱纹；孢子长椭圆形，27.5～45.5 μm × 11.5～16 μm。早春生于针叶树腐木上。该种有毒，谨慎采食。

分布于新疆、云南等地。

火丝盘菌科
Pyronemataceae

炭垫盘菌
Pulvinula carbonaria

子实体小型，直径0.3～0.6 cm，浅盘状，橙黄色至橙红色，边缘色较浅，无毛，盘面偶有放射状皱纹，背面浅黄色，光滑；菌肉浅黄色，薄，硬脆；无柄；孢子近球形，18～25 μm × 16～20 μm。春夏之交常于火烧地土上群生。

分布于重庆、西藏等地。

盾盘菌
Scutellinia scutellata

别名：红毛盘菌

子实体小型，盾状，直径0.5~1.2 cm，边缘有毛，稍内卷，表面鲜红色或橘红色，干后褪色，毛硬而直，褐色；无柄；孢子光滑，椭圆形，18~25 μm × 10~15 μm。春夏和夏秋之交于林中苔藓间或腐木上群生，对纤维素有较弱的分解力。

分布于全国各地。

亚毛盾盘菌
Scutellinia subhirtella

子实体小型，盾状或浅盘状，直径0.6~1 cm，橙红色至鲜红色，边缘稍内卷，有短毛；背面不育层光滑，浅黄色；无柄；孢子光滑，部分有疣，椭圆形，16~22 μm × 10~15 μm。春夏之交于林中腐木上散生或群生，对纤维素有较弱分解力。

分布于重庆、西藏等地。

碗状杯盘菌
Tarzetta catinus

子实体小型，碗状或稍扁，直径0.5～2 cm，纯白色，内表面光滑，外表面密被白色或无色绒毛；菌肉白色，质脆；菌柄短，长0.2～0.6 cm，粗0.1～0.2 cm，光滑，淡黄色；孢子光滑，长椭圆形，20～23 μm × 12～14 μm。春夏之交于林中地上单生或散生。

分布于重庆等地。

柔膜菌目 Helotiales

该目与盘菌目相似，菌体普遍具有艳丽的外观色彩，一般呈杯状或盘状，体型较小；主要特征是子囊顶部具有环状穿孔，子囊孢子常有若干分隔，形态各异，多呈球形、椭圆形、细长形。此类菌一般生长于土壤、枯木、粪便以及其他有机物上，多具一定的分解能力。

肉紫胶盘菌

Ascocoryne sarcoides

子实体小型，近似盘状，直径0.2～3 cm，淡紫、鲜紫或灰紫色，光滑，边缘常呈波状皱曲，胶质；近无柄；孢子8个，单行或双行排列，长椭圆形，12～18 μm × 4～5 μm。初春、初冬季节于林中腐木上散生、群生或丛生，对腐木有较弱分解力。

分布于华东、西南、华南等部分地区。

橘色小双头孢盘菌

Bisporella citrine

子实体小型，杯状至盘状，直径0.3～0.5 cm，表面光滑，柠檬黄色；具柄状的基部；孢子光滑，椭圆形，9～14 μm × 3～5 μm，在两端各有一油滴。秋冬之交于林中腐木上群生，对腐木有较弱分解力。

分布于重庆、台湾等地。

鲜黄双孢菌
Bisporella sulfurina

子实体小型，1～3 mm，鲜黄色，光滑，中央具短柄；孢子8.0～11 μm × 2.0～2.5 μm。大片群生于阔叶树腐木上，为木材腐朽菌。

分布于吉林等地。

锤舌菌科
Leotiaceae

黄层杯菌
Hymenoscyphus calyculus

子实体小型；菌盖浅杯状至圆盘状，宽0.2～1.2 cm，黄至橙黄色，不孕层白色；菌肉白，薄；菌柄小，白色，长0.3～1 cm，粗0.05～0.1 cm，从端至基部渐细；子囊棍状，含八孢子，孢子长条形，3～5.0 μm × 12～19.5 μm。夏秋季于林间枯枝上散生或群生，对枯枝有一定分解力。

分布于重庆、云南等地。

果生层杯菌
Hymenoscyphus fructigenus

子实体小型，菌盖圆盘状或边缘波状外卷，直径 0.1～0.8 cm，光滑，子实层橙黄色或稍淡，边缘色较浅，盘下层浅黄色；菌肉浅黄色，薄；菌柄白色或黄白色，光滑，近圆柱形，长0.5～6 cm，粗0.5～2.5 mm；孢子光滑，不含油滴，棒形，13～25 μm × 3～5 μm。春夏之交于林下或草丛中近腐的种子上单生、散生或丛生，对所浸染的种子有较弱分解力。

分布于重庆等地。

晶杯菌科
Hyaloscyphaceae

双色粒毛盘菌
Lachnum bicolor

子实体小型，直径1 ～5 mm，盘状至浅杯状，边缘常反卷，上表面橙黄色至鲜黄色，光滑，下表面色较上表面浅，被白色颗粒状绒毛；菌柄短，长0.5～1.5 mm；孢子无色，有油滴，近圆柱形，24～36 μm × 2～5 μm。春秋季节于林中阔叶树枯木树皮上群生，对纤维素有较弱分解力。

分布于重庆等地。

美粒毛盘菌
Lachnum calosporum

子实体小型，盘状至浅杯状，直径1～5 mm，表面淡黄色至鲜黄色，背面同盖表色，被红棕色与白色毛状物；菌柄短，长约1 mm；孢子无色，具油滴，近圆柱形，40～80 μm × 1.5～3 μm。春秋季节于林中枯木树皮上群生，对纤维素有较弱分解力。

分布于北京、重庆等地。

根粒毛盘菌
Lachnum pygmaeum

子实体小型，盘状至浅杯状，直径0.1～0.8 cm，表面光滑，鲜黄色至橙黄色，背面白色至淡黄色，被稀疏白色毛状物；菌柄白色至浅黄色，长0.3～1 cm；孢子无色，具油滴，近圆柱形至纺锤形，3～6 μm × 1.5～3 μm。春夏之交于枯树根或树皮上单生或群生，对枯木有较弱分解力。

分布于安徽、重庆、四川等地。

洁白粒毛盘菌

Lachnum virgineum

子实体小型，盘状或杯状，直径0.3～2.5 mm，表面纯白色，子层托背面白色，被白色毛状物；毛状物近圆柱形，表面具颗粒纹饰，无色；孢子无色，具2个油滴，纺锤形至近纺锤形，5～12 μm × 1.5～2.5 μm。春秋季节于腐木、枯枝、秸秆上单生、散生或群生，对纤维素有较弱分解力。

分布于安徽、湖南、重庆、四川、云南、广西、海南等地。

地舌菌科

Geoglossaceae

黄地锤

Cudonia lutea

子实体小型；菌盖直径0.5～2.5 cm，扁球形，淡黄色或稍深，表面常有褶皱；菌柄近圆柱形，长1～3 cm，粗0.3～0.6 cm，同盖色，光滑；孢子无色，细长，50～80 μm × 2～3 μm。春夏之交于林中腐木上群生，对枯木有较弱分解力。

分布于陕西、重庆、四川、甘肃、青海等地。

假地舌菌

Geoglossum fallax

子实体小型，高2～4 cm，全体黑色；上部长舌扁平状，0.4～1.2 cm × 0.1～0.2 cm；柄近圆柱形，长2～5 cm，粗0.05～0.1 cm；孢子86～107 μm × 5～6 μm，具7～11个分隔。春夏季之间于阴湿处草地丛中单生或散生。

分布于吉林、浙江、重庆、云南等地。

黄地勺菌

Spathularia flavida

别名：地勺

子实体肉质，较小；高3～5 cm，有子实层的部分淡黄色，呈倒卵形或近似勺状，延柄上部的两侧生长，宽1～2 cm；菌柄色深，略扁，基部稍膨大，粗0.3～0.5 cm，长2～5.5 cm；孢子成束，无色，棒形至线形，多行排列，35～48 μm × 2.5～3 μm。夏秋季在云杉、冷杉等针叶林中地上成群生长，为某些树种的外生菌根菌。据记载可食用。

分布于吉林、黑龙江、西藏、甘肃、青海、内蒙古等地。

核盘菌科
Sclerotiniaceae

橙红二头孢盘菌
Dicephalospora rufocornea

子实体小型，浅杯状，直径1.0～3.5 mm，高1.5～3.0 mm，橘黄色至橙红色；具柄，柄上部淡黄色，基部暗色至黑色；菌肉白色，薄；孢子长梭形，无色，2.5～4.7 μm × 3.5～6.2 μm。春夏之交生于阔叶林间枯木、枯枝及草本植物茎上，对纤维素有较弱的分解作用。

分布于华中、华南、西南地区。

胶陀螺科
Bulgariaceae

胶陀螺
Bulgaria inguinans

别名：猪嘴蘑、木海螺

子实体较小，黑褐色，似猪嘴；直径约4 cm，高2～3 cm，质地柔软具弹性；子实层面光滑，其他部分密布簇生短绒毛；孢子卵圆形，近梭形或肾脏形，10～12 μm × 5.4～7.6 μm。夏秋季在桦树、柞木等阔叶树的树皮缝隙成群或成丛生长。可采食，但有人食后中毒，发病率达35%，用碱水彻底清洗后可放心食用，但不可连续食用。

分布于吉林、河北、河南、辽宁、四川、甘肃、云南等地。

银耳目 Tremellales

银耳为该目蘑菇的代表成员，其特征为菌体呈胶质或韧胶质，瓣片状或脑状，小到大型，具鲜艳的外观色泽；下担子具十字形纵分隔，上担子膨大，孢子可萌发产生再生孢子。这类蘑菇一般生于枯木上，部分具有重要的食用和药用价值。

银耳科 Tremellaceae

金耳
Tremella aurantialba

别名：黄木耳

子实体中到大型，脑状或瓣裂状，宽7～11 cm，高6～15 cm，金黄色或橙黄色；菌肉近白色，韧胶质；无柄；孢子圆形至卵形，16～23 μm × 12～20 μm。春秋季节于阔叶树腐木上生长。可食，并具药用效果。

分布于甘肃、四川、云南、西藏等地。

褐血耳
Tremella fimbriata

别名：药耳

子实体小到中等大，宽2～6 cm，高2～4 cm，由多个瓣片组成，似花朵状，红褐色至黑褐色，胶质；无柄；孢子无色，光滑，卵圆形，8～15 μm × 8～10 μm。夏秋季于阔叶树枯枝、枯干上生长。可食，入药治妇科病。

分布于湖北、重庆、四川、云南、广西、广东等地。

茶银耳
Tremella foliacea

子实体中到大型；整体宽4～12 cm，高4～6 cm，由叶状瓣片组成，角质；无柄，偶有较短黑褐色耳基；孢子光滑，无色，卵形至球形，7.5～13 μm × 7～11 μm。春至秋季生于林中阔叶树枯枝、倒木上。可食，并可入药。

分布于吉林、山西、江苏、浙江、安徽、湖北、重庆、四川、云南等地。

橙黄银耳
Tremella lutescens

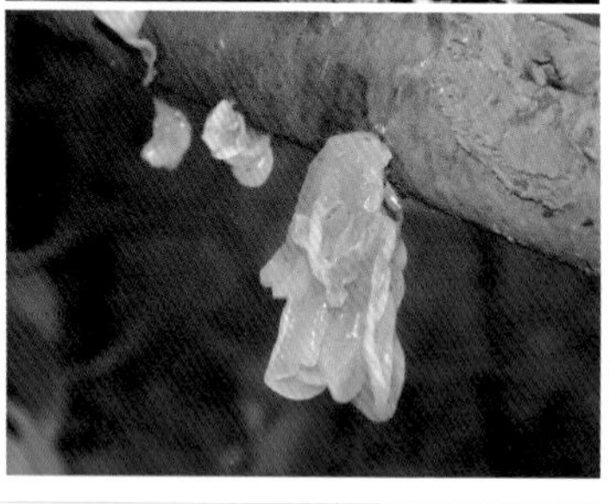

子实体小到中等大，叶片瓣状至脑状，长2.5～10 cm，高1～3 cm，橙黄色至橙红色，胶质；无柄；孢子无色或带浅黄色，光滑，椭圆形，7～15 μm × 6～10 μm。春夏之交于阔叶树枯木上单生或群生。可食。

分布于吉林、山西、陕西、重庆、四川、宁夏、新疆等地。

垫状银耳
Tremella pulvinalis

子实体小型，垫状，纯白色，胶质，半透明，长0.5～3.5 cm，宽0.5～2.5 cm；表面呈脑状，干后收缩，污白色；孢子卵形，顶端尖，6.5～10 μm × 5～7 μm。春季至秋季生于阔叶林中枯枝上，对枯木有较弱分解力。

分布于湖南、重庆等地。

黑胶菌科
Exidiaceae

黑胶耳

Exidia glandulosa

别名：黑耳、黑胶菌

子实体小型；初呈瘤状，后膨大紧贴基物表面，彼此相连，灰褐色至黑褐色，硬胶质，表面具颗粒状突起，群体长2～30 cm，厚0.2～1.5 cm；孢子长条形或腊肠形，10～15 μm × 3～5.5 μm。春夏之交于阔叶树枯木表皮群生。可食，但有人食后不适。

分布于全国各地。

粗毛原迷孔菌

Protodaedalea hispida

子实体半圆形或马蹄形，无柄；菌盖宽5～10 cm，厚约2～5 cm，多湿，易碎，干后急剧收缩并变为暗褐色；表面呈乳白色至黄褐色，被长羽毛状物；担孢子倒卵形，大小10～12 μm × 4～7 μm，无色，表面平滑。春秋季节于阔叶树腐木上单生，为木材腐朽菌。

分布于吉林、云南等地。

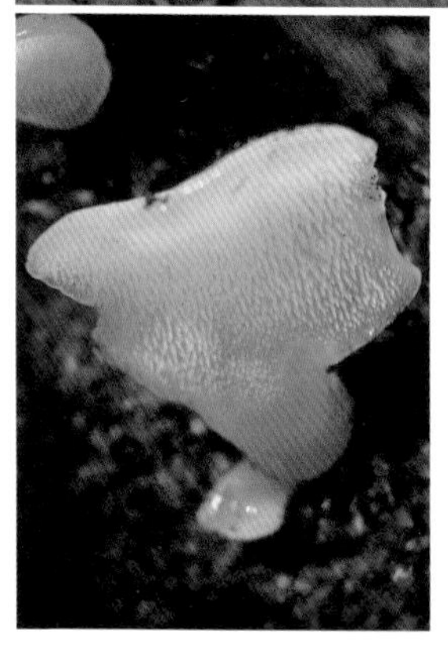

胶质刺银耳

Pseudohydnum gelatinosum

别名：虎掌菌

子实体小到中型；菌盖宽2～8 cm，贝壳状至半圆形，白色或灰白色；菌肉灰白色或灰色，被灰白色小刺；有短柄或无柄，柄侧生，长0.5～1.5 cm，粗0.3～1 cm，同盖色；孢子无色，近球形，6～9 μm × 5.5～7 μm。夏秋季于枯树或树桩上散生或群生。可食用。

分布于黑龙江、吉林、河北、山西、湖北、重庆、四川、西藏等地。

锈菌目

Uredinales

本目真菌一般为小型丝状真菌，部分种类在发育过程中的某个阶段体型较大。这类真菌的主要特点是孢子在真菌生长不同阶段形态不一致，多数真菌在生活过程中需要在两种分类上极不相近的植物上转换生长，与着生植物呈寄生关系。多数真菌为植物致病菌，对农业、林业生产影响极大，常导致大田作物、水果等产量降低以及品质的下降。

柄锈菌科
Pucciniaceae

梨胶锈菌

Gymnosporangium haraeanum

该菌为梨锈病病原菌的转主寄生物，菌体小型；初期于寄主叶腋、小枝上出现淡黄色斑点，后逐渐膨大，于腋芽间或小枝上单个或数个聚生呈角锥状物，长0.5～2 cm，宽0.1～0.5 cm，橙黄色、红褐色至咖啡色，干时强烈收缩，吸水膨胀。晚冬至初春于桧柏、翠柏、龙柏等树针叶腋芽、小枝上着生，对梨树有强烈的致病作用，常导致梨的减产。

分布于全国各地。

木耳目
Auriculariales

木耳为本目蘑菇的代表成员，其特征为菌体呈耳状、叶片状，质地胶质、韧胶质或角质，表面光滑或有绒毛，担子具4个横隔膜。这类蘑菇种类较少，一般生于枯木、树桩上，部分成员为著名食用菌。

木耳科 Auriculariaceae

木耳 *Auricularia auricula*

别名：黑木耳、光木耳

子实体中到大型，胶质，浅盘状、耳状或不规则状，宽3～15 cm，青褐色至黑褐色，野生常呈红褐色，外表面光滑，内表面有绒毛；菌肉较薄，胶质；孢子无色，腊肠形，9～17.5 μm × 5～8 μm。春至秋季于阔叶树树桩或枯木上群生或丛生。食用，现有大量人工栽培。

分布于黑龙江、吉林、河北、湖北、重庆、四川、云南等地。

角质木耳 *Auricularia cornea*

子实体中到大型；菌盖直径5～15 cm，耳状至盘状，角质，子实层光滑，红褐色或较深；不育层红色至褐色或青褐色，被短绒毛；无菌柄或有短菌柄；孢子长条形，12～15.5 μm × 3～5 μm。春至秋季于阔叶树枯木上群生或丛生。可食。

分布于重庆、福建、海南等地。

毛木耳
Auricularia polytricha

别名：黄背木耳

子实体中到大型；初期杯状，成熟后为耳状或叶片状，耳片宽2～15 cm，胶质，褐色至紫色，表面被褐色细绒毛，背面灰白色或青灰色；无柄；孢子无色，肾形，12～15 μm × 6～7 μm。春至秋季于阔叶树树干或枯枝上群生或丛生。常见食用菌，并可入药。

分布于全国各地。

银白木耳
Auricularia polytricha var. *argentea*

别名：毛木耳白色变种

子实体中到大型；耳状或叶片状，胶质，近透明，纯白色，耳片直径5～15 cm，厚0.1～0.5 cm，外表面有白色细绒毛；内面光滑，白色；孢子无色，肾形，12～15 μm × 5～6.5 μm。春至秋季于阔叶树树桩、枯木上单生、群生或丛生。可食用。

分布于河北、重庆等地。

花耳目 Dacrymycetales

本目蘑菇体型较小，呈棒状、圆柱状、匙状、珊瑚状等多种形态，色彩艳丽美观，黄色至橙黄色，胶质，担子顶端分叉呈音叉状。该类蘑菇着生于树桩或枯木上，因个体小，食用价值不大。

胶角耳 *Calocera cornea*

别名：角状胶角耳

子实体小型，高0.3~1.0 cm，粗0.1~0.3 cm；黄色至橘黄色，胶质；圆柱状或向上渐细，顶端尖，简单分枝，表面光滑；孢子稍弯，圆柱形，7.5~10.8 μm × 3~4 μm。夏秋季于阔叶林或松阔混交林中腐木上散生或群生，对枯木有较弱的分解力。

分布于吉林、北京、河北、陕西、四川、重庆、贵州等地。

粘胶角

Calocera viscosa

别名：鹿胶角菌

子实体小型，高3～6 cm，粗0.3～0.6 cm；鲜黄色至橘黄色，鹿角状，顶端二至三叉状分枝，粘胶质，光滑；子实层生于表面，孢子光滑，浅黄色，椭圆形，稍弯曲，8～10 μm × 3.5～5.5 μm。夏秋季于阔叶树或针叶树枯树桩上群生或丛生。可食用，含胡萝卜素。

分布于黑龙江、吉林、河北、山西、陕西、四川、重庆、云南等地。

掌状花耳

Dacrymyces palmatus

子实体小型，垫状、脑状至花瓣状，宽1～5 cm，高0.5～3 cm，橙红色或稍深；菌肉橙黄色，胶质，较厚；无柄；孢子无色，长圆柱形，14～20 μm × 4～8 μm。春秋季节于林中枯木上单生、散生或群生。可食，味淡。

分布于黑龙江、吉林、陕西、新疆、四川、重庆、广西等地。

花耳

Dacrymyces stillatus

子实体小型，全体长0.1～0.8 cm，高0.2～0.5 cm，垫状、半球形至近球形，颜色多变，幼嫩时橙黄色，老后淡褐色至灰褐色；无柄；孢子腊肠形，14～16 μm × 4.5～6 μm。春夏之交于枯木上群生，对枯木有较弱分解力。

分布于重庆等地。

桂花耳

Dacrypinax spathularia

子实体小型，高0.5～1.5 cm，粗0.5～0.7 cm；鲜黄色至橙黄色，胶质，桂花状；具短柄，光滑，外有棱脉；孢子无色，近椭圆形，1.5～11.5 μm × 3.4～4.5 μm。春至秋季于阔叶树或针叶树腐木上群生或丛生。可食，含胡萝卜素。

分布于黑龙江、吉林、河北、山西、陕西、四川、重庆、贵州、云南等地。

无褶菌目 Aphyllophorales

本目蘑菇复杂，成员极具多样性，已描述的种类有1 200余种，且不是单一起源，其特点为无真正的菌褶，菌体子实层一般呈孔状、齿状、光滑或简单的褶皱；菌体呈扁平形、半圆形、贝壳形、喇叭形、棒状等多种形态；质地为革质、韧质、肉质；多数生长于枯木或树桩上，少数地生。该目蘑菇具有重要的利用价值，其中有不少珍贵的食、药用菌。

鸡油菌科 Cantharellaceae

鸡油菌

Cantharellus cibarius

别名：鸡蛋黄菌、杏菌

子实体中至大型；菌盖直径3～10 cm，喇叭状，杏黄色，表面光滑，边缘常呈波状，背面呈皱褶状；菌肉肉质，淡黄色，较厚；菌柄长2～5 cm，粗0.5～1.5 cm；孢子无色，椭圆形，6.5～9.5 μm × 4～6.5 μm。夏秋季雨后生于马尾松、栎等针阔混交林中地上。可食，味美，民间用于治疗眼炎、夜盲症等疾病。

分布于东北、华东、华中、西南等地。

小鸡油菌

Cantharellus minor

别名：黄狮菇

子实体小型；菌盖直径1～3 cm，喇叭状，内卷，橙黄色；菌肉淡黄色，薄；背面褶皱较宽，稀疏；菌柄橙黄色，长1～2.5 cm，粗0.2～0.5 cm，中空；孢子无色，椭圆形，5～8 μm × 4～6 μm。夏秋季于松阔混交林中地上群生。可食，味美。

分布于福建、湖南、重庆、四川、云南等地。

管状鸡油菌

Cantharellus tubaeformis

别名：吹打菌

子实体小型；菌盖直径1～5 cm，喇叭状或近平展，边缘常呈波状卷曲；菌肉黄白色，薄；褶皱宽，灰白色；菌柄灰黄色，光滑，中空，长3～8 cm，粗1 cm；孢子卵圆形，8～13 μm × 5.5～10 μm。夏秋季于阔叶林或松阔混交林中地上群生。可食用。

分布于福建、重庆、云南等地。

灰喇叭菌

Craterellus cornucopioides

别名：喇叭菌、灰号角

子实体小至中等，呈喇叭或号角形，全体灰褐色至灰黑色，半膜质，薄，高3～10 cm；菌盖中部凹陷很深，表面有细小鳞片，边缘波状或不规则形向内卷曲；子实层淡灰紫色，平滑，或稍有皱纹；孢子无色，光滑，椭圆形，8～14 μm × 6～8 μm。春秋季节于阔叶林中地上单生、群生至丛生。可食用，味道鲜美，含有15种氨基酸。

分布于吉林、江苏、安徽、江西、西藏、四川、云南等地。

齿菌科
Hydnaceae

珊瑚状猴头菌

Hericium coralloides

别名：玉髯、松花蘑

子实体往往较大，直径大者可达30 cm，其高可达50 cm，纯白色，干燥后变褐色；由基部发出数条主枝，再由每条主枝上生出下垂而比较密的长刺，刺柔软，肉质，长0.5～1.5 cm，顶端尖锐；孢子无色，椭圆形，含一油滴，4.5～7.4 μm × 4.3～5.2 μm。夏秋季生于阔叶树的倒腐木、枯木桩或树洞内。可食用，其味鲜美；入药可助消化、治胃溃疡以及有滋补强身、治神经衰弱等作用。

分布于吉林、四川、云南、西藏、黑龙江、内蒙古、陕西、新疆等地。

猴头菌
Hericium erinaceus

别名：猴头蘑、刺猬菌。

子实体中等大、较大或大型，直径5～10 cm，或可达30 cm，呈扁半球形或头状，有无数肉质软刺生长在狭窄或较短的柄部，刺细长下垂，新鲜时白色，后期浅黄至浅褐色；孢子无色，近球形，4～5.5 μm × 5～6.5 μm。秋季于阔叶树立木或腐木上单生。此菌是比较重要的野生或栽培食菌，是我国宴席上的名菜，含丰富的多糖和肽类物质，可增强抗体免疫功能。

分布于黑龙江、吉林、辽宁、河南、广西、甘肃、四川等地。

白卷缘齿菌
Hydnum repandum var. *album*

别名：白齿菌、美味齿菌

子实体小到中等大；菌盖直径2～8 cm，扁半球形至平展，边缘内卷，白色；菌肉白，稍厚；菌刺延生，白色；菌柄白色，长2～8 cm，粗0.5～1 cm，脆；孢子无色，近球形，直径4～6 μm。春秋季节于阔叶或松阔混交林中地上单生或群生，与树木建立共生关系。可食，味美。

分布于华中、华南、西南等地。

小白齿菌
Hydnum sp.

子实体小型；菌盖直径2～5 cm，蛋壳色至近白色，扁平或不规则；菌肉白色，薄；菌齿白色，密，直锥状；孢子无色，近球形，直径5～6 μm。秋季于阔叶林中地上群生或散生。可食。

分布于重庆、云南等地。

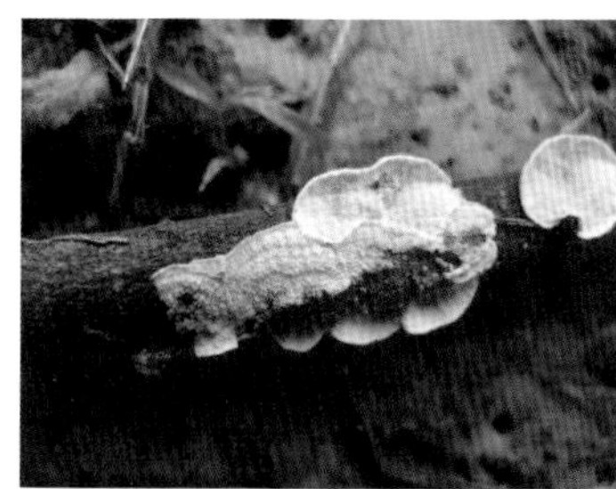

乳白耙齿菌
Irpex lacteus

子实体紧贴基物平伏生长，偶见反卷形成菌盖状，菌盖表面白色，密被短绒毛，边缘波状；菌肉白色，韧；菌管裂成齿状，白色；孢子无色，椭圆形，4～6 μm × 2～3 μm。春至秋季于阔叶树树皮上成片生长，对木材有强烈致腐力。入药可治慢性肾炎。

分布于全国各地。

齿耳菌科
Steccherinaceae

翘鳞肉齿菌
Sarcodon imbricatum

别名：獐子菌、獐头菌

子实体中到大型；菌盖直径5～25 cm，近圆形，中央下凹，表面具紫褐色大块鳞片；菌肉近白色，较厚；刺锥形，延生，灰白色至灰褐色；菌柄长4～10 cm，粗1.5～3.5 cm，淡白色至浅灰色；孢子近球形，5～8.5 μm × 5～7.5 μm。夏秋季于针叶林中地上散生或群生。该菌味道鲜美，入药可降低胆固醇含量。

分布于吉林、安徽、浙江、湖北、重庆、四川、甘肃、新疆等地。

针小肉齿菌
Sarcodontia setosa

子实体群体中到大型，在基物上呈皮壳状生长，其上密生小齿，黄白色至浅橙黄色，刺长0.5～1 cm；孢子光滑，泪滴状，5～6 μm × 3～4 μm。夏秋季于阔叶树枯木上成片生长，对木材有较弱分解力。

分布于山西、重庆等地。

扁刺齿耳

Steccherinum rawakense

子实体紧贴基物上生，具舌状或不规则状菌盖，5～15 cm × 3～6 cm，黄色至赭黄色；菌刺近扁平状，顶端尖，长1～3 cm，同盖色或稍浅；孢子椭圆形，4～6 μm × 2～3 μm。春秋季节于阔叶树枯木上生长，对枯木有较强分解力。

分布于重庆等地。

绣球菌科

Sparassidiaceae

广叶绣球菌

Sparassis latifolia

子实体一年生，有柄，高达30 cm，直径达27 cm，绣球形，频繁叶状分枝；叶片淡黄色至乳白色，单个片长可达3 cm，宽达1.5 cm，厚达0.5 cm，孢子椭圆形，无色，薄壁，平滑，有一大液泡，4.5～5 μm × 3.5～4 μm。夏秋季于落叶松根际单生。可食，为美味食用菌。

分布于吉林、黑龙江等地。

枝瑚菌科
Ramariaceae

红顶黄枝瑚菌
Ramaria sp

子实体中到大型，整体高5～12 cm，宽3～6 cm，从基部成级分枝，顶尖成丛，黄色带蓝色，顶部红色；枝肉质，脆；孢子浅黄色，椭圆形，7～10.5 μm × 4～6 μm。夏秋季于阔叶林中地上散生或群生。可食。

分布于重庆等地。

珊瑚菌科
Clavariaceae

烟色珊瑚菌
Clavaria fumosa

子实体小型，不分枝，扁平形至梭形，高3～8 cm，粗0.2～0.5 cm，淡黄褐色至烟褐色，表面有纵沟纹；无柄；菌肉带黄褐色，脆；孢子无色，光滑，椭圆形，5～8 μm × 3～5 μm。春夏之交于林中地上群生或丛生。据记载可食。

分布于黑龙江、吉林、江西、重庆、四川、云南、广东等地。

紫珊瑚菌

Clavaria purpurea

别名：紫豆芽菌

子实体小型，高2.5~12.5 cm，粗0.15~0.5 cm，单枝生，紫色到烟褐紫色，近圆柱形至细长梭形，扁平或有纵沟条纹；菌肉白色稍带紫，内部实心至空心；孢子无色，椭圆形，5.5~9 μm × 3~5 μm。夏秋季于松阔混交林地上成丛生长。可食，脆，味淡；美观，具有观赏价值。

分布于四川、重庆、云南、福建等地。

虫形珊瑚菌

Clavaria vermicularis

别名：白珊瑚菌、豆芽菌

子实体小型，棒状至扁棒状，高2.5~8 cm，粗0.1~0.5，纯白色，顶端尖，表面常有沟槽；柄不明显；孢子无色，光滑，椭圆形，5~8 μm × 3~5.5 μm。春夏之交于林中地上丛生。可食，脆，味淡。

分布于东北、华东、华中、华南、西南等地。

杯珊瑚菌

Clavicorona pyxidata

别名：杯冠瑚菌

子实体中等至较大，高3~13 cm，粗1.5~2.5 mm，淡黄色，向上膨大，顶端杯状，由枝端分出一轮小枝，多次地从下向上分枝，上层小枝分枝形状呈杯状；菌肉白色或色淡；孢子光滑，椭圆形，3.5~4.5 μm × 2~2.5 μm。生林中腐木上，特别是杨、柳属的腐木上。可食用，其味较好。

分布于吉林、河北、河南、湖南、四川、云南等地。

洁地衣棒瑚菌

Multiclavula clara

别名：亮多枝瑚菌、洁多枝瑚菌

子实体小型，高3~5 cm，粗0.1~0.3 cm，单根直立、少有分枝，细棒状，顶端渐尖，浅橘黄色，基部微红；孢子光滑，椭圆形，6.5~7.5 μm × 3.5~4.5 μm。春至秋季于裸露地表与藻类伴生，为先锋菌物。

分布于福建、重庆、四川、云南等地。

皱锁瑚菌

Clavulina rugosa

子实体小型，高3～6 cm，白色，不分枝或简单分枝，表面光滑或有皱纹；菌枝脆，肉白色，中实；孢子无色，光滑，近球形，直径6～9 μm。春夏之交于林中地上散生或群生。可食，味淡。

分布于华东、华南、西南地区。

锁瑚菌

Clavulinopsis fusiformis

子实体鲜黄色，纤细，长5～12 cm，粗0.2～0.5 cm，不分枝，棍棒状，顶端尖；菌肉脆，黄色；孢子无色，光滑，卵形，5～9.5 μm × 4.5～10 μm。夏秋季于林中地上群生或丛生。可食。

分布于华东、华南、西南等地。

红拟锁瑚菌
Clavulinopsis miyabeana

别名：红豆芽菌

子实体小型，细棒状，顶端尖，高3～10 cm，粗0.3～0.8 cm，浅红色至绯红色，基部颜色稍浅，质脆，实心；孢子无色，近球形，直径5～7.5 μm。春秋季节于林中地上群生。可食，味淡。

分布于重庆、云南、香港、台湾等地。

伏革菌科 Corticiaceae

硫磺伏革菌
Corticium bicolor

子实体于枯木上平伏生长，呈块状，薄，淡红色、橘红色至硫磺色，边缘色稍浅；孢子无色，椭圆形，7.5～10 μm × 5～6 μm。夏秋季于枯木上成片生长，为木材腐朽菌。

广泛分布于我国南方地区。

革菌科
Thelephoraceae

白韧革菌
Stereum albidum

子实体白色，杯状，直径2～3 cm，表面有放射状条纹和不明显的环纹，干后呈黄褐色；菌柄长5～8 cm，粗0.3～0.5 cm，白色，表面被细毛；孢子无色，椭圆形，5～6.5 μm × 3.5～4.5 μm。秋季生于林间地上。

分布于吉林等地。

毛革盖菌
Stereum hirsutum

子实体小至中等大，半圆形、贝壳形或扇形，无柄，单生或覆瓦状着生；菌盖直径2～10 cm，表面浅黄色至淡褐色；菌肉白色至淡黄色；孢子无色，光滑，圆柱形至腊肠形，6～7.5 μm × 2～2.5 μm。春至秋季于阔叶树活立木、枯立木、死枝杈或伐桩上生长。可供药用，民间用于除风湿、疗肺疾、止咳、化脓、生肌。

分布于全国各地。

银丝韧革菌
Stereum ochraceo-flavum

子实体小型；菌盖宽0.3~1.5 cm，扇形至半圆形，浅土黄色，具朽叶色环纹或环带；下表面光滑，粉黄色或肉色；菌肉薄，污白色；孢子无色，光滑，圆柱形或长椭圆形，5~6.5 μm × 2~2.5 μm。秋冬季于林中枯木上群生，对枯木有较强分解力。

分布于甘肃、四川、重庆、云南、广东等地。

轮纹韧革菌
Stereum ostrea

子实体小到中型，覆瓦状叠生，质韧，无柄，贝壳状至不规则形，表面被蛋黄色至浅褐色绒毛，具同心轮纹；内侧光滑，粉白色；孢子无色，长椭圆形，5~7.5 μm × 2~3 μm。春至秋季生于阔叶树腐木上，为木材腐朽菌。

分布于黑龙江、吉林、河南、江苏、四川、重庆、云南等地。

浅色拟韧革菌
Stereopsis diaphanum

子实体小型；菌盖漏斗状，边缘常开裂，常具辐射状条纹，直径2~4 cm，白色至污白色；菌肉白色，薄，韧质；背面子实层光滑，白色；柄短，长0.5~1.5 cm；孢子无色，椭圆形，5~6 μm × 3~4 μm。夏秋季于林中地上单生、散生或群生。

分布于河北、山西、江苏、浙江、湖北、重庆、广西等地。

丛片刷革菌
Xylobolus frustulatus

子实体全背着生，相互拼接，形似石板；大小0.2~0.8 cm，厚0.2~0.4 cm，木质；子实层面灰白色；孢子长卵形至卵圆形，平滑，无色，5~6 μm × 3~3.5 μm。全年生于阔叶树腐朽木上，对木材具严重致腐力。

分布于全国各地。

耳匙菌科
Auriscalpiaceae

耳匙菌
Auriscalpium vulgare

别名：耳挖菌

子实体小至中型，革质、韧，全体被暗褐色绒毛，菌盖扁平，勺形或耳匙形，直径1～3 cm，褐色至棕褐色；菌柄同盖色，内实，长2～8 cm，粗0.3～0.6 cm；孢子无色，近球形，直径4.0～5.0 μm。春至秋季生于马尾松、云杉等针叶树球果上，可分解松、杉等球果。

分布于全国各地。

牛舌菌科
Fistulinaceae

牛舌菌
Fistulina hepatica

别名：牛排菌、肝脏菌

子实体中到大型；菌盖舌形、半圆形，长5～30 cm，宽4～25 cm，猩红色至红褐色，粘；菌肉淡红色，肉质，厚；菌柄短，长1～3 cm；菌管稍稀，管口白色至淡红色；孢子近无色，近球形，直径3～6 μm。春秋季节于阔叶树枯木、树桩上单生或叠生。可食，为美味食用菌。

分布于河南、安徽、湖北、重庆、四川、云南、广西等地。

锈革孔菌科
Hymenochaetaceae

丝光钹孔菌
Coltricia cinnamomea

别名：肉桂色集毛菌

子实体小型；菌盖直径1～4.5 cm，近圆形至漏斗形，褐色至深褐色，被短绒毛，具不明显同心环带；菌肉薄，锈褐色；菌管浅红褐色；菌柄浅红褐色，木栓质，长1～4 cm，粗0.2～0.4 cm；孢子浅黄色，宽椭圆形，5～7 μm × 4～5.5 μm。春至秋季于阔叶林中地上散生或群生，为先锋菌物。

分布于吉林、河北、山西、安徽、浙江、福建、江西、湖北、重庆、四川、云南等地。

钹孔菌
Coltricia perennis

别名：多年生集毛菌

子实体小型；菌盖直径2～5 cm，扁平至浅漏斗状，肉桂色至深褐色，被短绒毛，具同心环带；菌肉锈褐色，薄，韧；菌管浅褐色，较密；菌柄暗红色，木栓质，被绒毛，长1～4 cm，粗0.2～0.6 cm；孢子浅黄色，椭圆形，6～9 μm × 4～6 μm。春至秋季于松阔混交林中地上单生或群生，为先锋菌物。

分布于黑龙江、吉林、安徽、湖南、重庆、云南等地。

浅色小钹孔菌
Coltriciella subpicta

子实体小型；菌盖直径0.3～1 cm，漏斗状，浅黄褐色至锈褐色，具同心环带；菌肉薄，韧，黄褐色；菌管浅黄褐色，稍密；菌柄锈褐色，长0.5～2 cm，粗0.5～2 mm；孢子无色，具小疣，宽椭圆形，6～8 μm × 4.5～6 μm。春夏之交于林中地上群生。

分布于重庆、贵州等地。

鲍姆木层孔菌
Phellinus baumii

别名：暴马桑黄

子实体中等大，木质，多年生，无柄；菌盖半圆形，4～10 cm × 3.5～15 cm，厚2～7 cm，盖边缘纯圆，菌肉锈色；管口面粟褐色，管口微小，圆形，8～11个/mm；孢子近球形，淡褐色，平滑，3～4.5 μm × 3～3.5 μm。生于多种阔叶树活立木或垂死木上。该种可入药，具抗癌、抗突变、抗肝纤维化、降血脂及抗肺炎等作用，为著名抗癌真菌桑黄的替代品之一。

分布于吉林、内蒙古、河北、云南、广东等地。

火木层孔菌

Phellinus igniarius

别名：针层孔菌、桑黄

子实体中等至较大，马蹄形至扁半球形，木质，硬；菌盖宽3～12 cm，老时龟裂，有同心环棱，边缘钝圆，浅咖啡色；菌肉深咖啡色，硬木质；管孔面锈褐色，圆形，4~5个/mm；孢子近球形，光滑，无色，4.5～6 μm × 4～5 μm。生于柳、桦、杨、花楸、山楂等阔叶树的树桩、树干上或倒木上。该种可入药，具活血、化饮、癖饮、止泻等药用功效，为著名抗癌真菌桑黄的替代品之一。

分布于黑龙江、吉林、内蒙古、北京、河北、湖北、四川、云南、西藏等地。

松木层孔菌

Phellinus pini

别名：松针层孔菌、松白腐菌。

子实体较小或中等，马蹄形，贝壳形，木质，菌盖宽半圆形，宽3～20 cm，表面深咖啡色，有绒毛，有明显的同心环棱；菌肉咖啡色；菌管与菌肉同色；孢子近球形，淡褐色，光滑，4.5～6 μm × 4.5～5 μm。全年见于松属等针叶树活立木上。可药用，具抗癌效果，为著名抗癌真菌桑黄的替代品之一。

分布于河北、吉林、黑龙江、陕西、四川等地。

窄盖木层孔菌

Phellinus tremulae

别名：山杨窄盖菌、山杨白腐菌

子实体一般中等；木质，坚硬，无柄；菌盖往往背着生于基物上，具有狭窄的菌盖，边缘钝、基部厚，与基物难分离；菌管多层，同菌肉色，木质而坚硬，层次稍明显，孢子近球形至宽椭圆形，壁厚，无色，平滑，3.5～5.5 μm × 3.5～5 μm。常年生于山杨、桦等树活立木上，属木腐菌，腐朽力很强。可入药，具抗癌效果，为著名抗癌真菌桑黄的替代品之一。

分布于黑龙江、吉林等地。

瓦尼木层孔菌

Phellinus vaninii

别名：杨树黄、杨树桑黄、杨黄

子实体多年生；马蹄形至下延、平伏、平伏反卷或无柄盖形，单生至覆瓦状；与基物不易分离，新鲜时无特别气味，干后重量明显减轻；孢子淡黄色，卵形至广椭圆形，3.8～4.4 μm × 2.8～3.7 μm。生于山杨枯木、倒腐木及树桩上。可药用，具有良好的防癌、抗癌作用，为著名抗癌真菌桑黄的替代品之一。

分布于长白山区和小兴安岭。

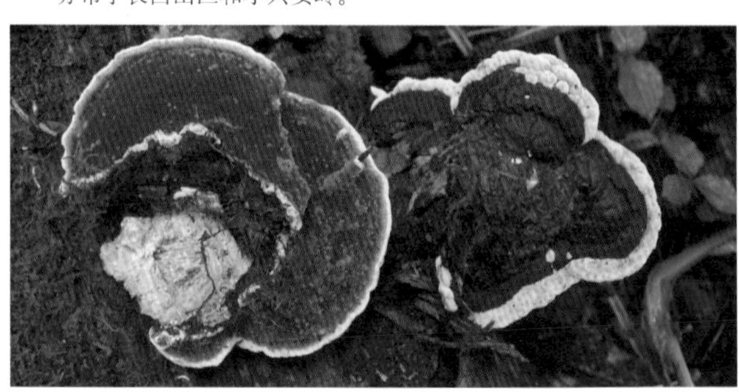

亚玛木层孔菌

Phellinus yamanoi

子实体多年生，无柄，盖形，新鲜时木栓质，长达20 cm，宽达12 cm，基部厚达4 cm，表面暗褐色，具同心环沟；菌肉肉桂色至污褐色，硬木质；孔口表面锈褐色，略具折光反应，孔口圆形至迷路状，2~3个 /mm；孢子近球形，无色，4.2~5.2 μm × 3.9~4.6 μm。全年生长于云杉活立木和倒木上，为林木病原菌。可入药，为著名抗癌真菌桑黄的替代品之一。

分布于黑龙江、吉林等地。

多孔菌科

Polyporaceae

二年生残孔菌

Abortiporus biennis

子实体中到大型，初期小，近球形，成熟后宽5~12 cm，肾形、半球形或不规则状，中部白色至淡褐色或红褐色；菌柄缺失或偶有菌柄；孢子光滑，椭圆形，5~8 μm × 3~5 μm。夏秋季于林中阔叶树或针叶树枯木上单生或群生，对枯木有较强分解力。

分布于江西、湖北、重庆、云南等地。

烟色烟管菌
Bjerkandera fumosa

别名：亚黑管菌

子实体平伏生长，反卷部分呈贝壳状，2～7 cm × 3～8.5 cm，厚4～10 mm；菌肉白色，木栓质；菌管层与菌肉之间有一黑色条纹；管口近白色至灰褐色，有时受伤处变暗色，多角形，3～5个/mm；孢子长方椭圆形，无色，光滑，5～7 μm × 2.5～4 μm。全年生于阔叶树倒木及枯树干上。辽宁丹东用于治疗子宫癌，熬煎或开水浸泡，饭后服用浸出液，日服二次，每千克为一疗程。

分布于吉林、河北、青海、湖南、广西等地。

木蹄层孔菌
Fomes fomentarius

子实体中到大型；菌盖高5～35 cm，宽3～18 cm，灰色至黑褐色，马蹄形，成层状；菌肉锈褐色，质韧；无菌柄或具短的假菌柄；菌管浅褐色，管孔较密；孢子无色，长椭圆形，10～18 μm × 4～8 μm。全年于桦、栎等阔叶树树干上单生或群生。可入药。

分布于东北、华东、华南、西南等地。

宽鳞大孔菌

Favolus squamosus

子实体中至大型；菌盖扇形，5.5～26 cm × 4～20 cm，近无柄，黄褐色，有深色放射状鳞片；柄侧生，长2～6 cm，粗1.5～3(6) cm，基部黑色，软，干后变浅色；菌管延生，白色；管口长形，辐射状排列；孢子光滑，无色，9.7～16.6 μm × 5.2～7 μm。春秋季节于阔叶树枯干上单生或散生。幼时可食，老后木质化不宜食用。

分布于吉林、江苏、湖南、陕西、甘肃、青海、四川等地。

红缘拟层孔菌

Fomitopsis pinicola

别名：红缘多孔菌

子实体大型；马蹄形、半球形，木质；菌盖直径2～46 cm，有宽的棱带，边缘钝，常保留橙色到红色；菌肉近白色至木材色，木栓质，有环纹；管孔面白色至乳白色，圆形，3～5个/mm，孢子卵形、椭圆形，无色，5～7.5 μm × 3～4.5 μm。全年于针叶树或阔叶树枯木上生长。入药可祛风、除湿、抑肿瘤等。

分布于吉林、湖南、四川、云南、广西等地。

粉肉拟层孔菌

Fomitopsis rosea

别名：粉肉黑蹄

子实体中等大，扁半球形至马蹄形；菌盖 2～6 cm×4～12 cm，厚0.2～5 cm，半圆形，粉红色，有同心环棱，稍开裂，边缘钝；菌肉木栓质，浅肉红色，菌管同色，多层，4～5个/mm；孢子无色，光滑，长方形，5～8 μm×2～3 μm。全年于云杉、落叶松等针叶树枯木上单生或群生，引起针叶树木材褐色块状腐朽。可入药，具抗癌功效。

分布于黑龙江、甘肃、青海、新疆、四川、云南、西藏等地。

香粘褶菌

Gloeophyllum odoratum

子实体一年生，无柄，韧而硬或木栓质；菌盖半圆形，2.5～6.5 cm×3～10 cm，厚0.5～2 cm，黄褐色，常有环带；菌肉深咖啡色；菌管与菌肉同色；孔面与菌管同色；管口略圆形，多角形，2～3个/mm；孢子圆柱形，透明，平滑，5.7～9.2 μm×2.3～3.5 μm。全年见于针叶腐木上，对木材有较强致腐力。

分布于黑龙江、吉林等地。

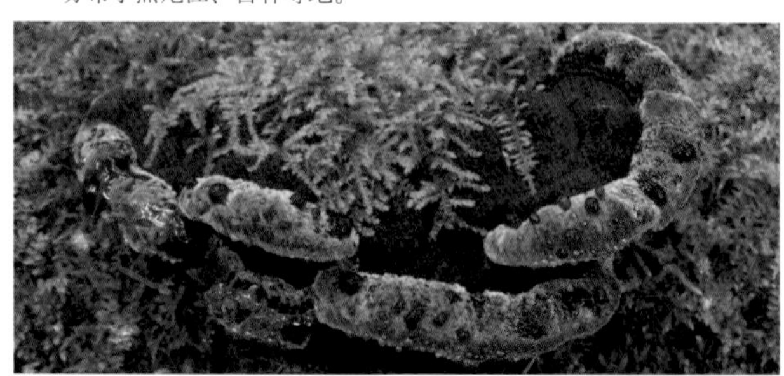

粗毛纤孔菌
Inonotus hispidus

别名：粗毛黄褐孔菌

子实体一年生，中等至较大；菌盖直径9～25 cm，无柄，马蹄形，半圆形或垫状；菌肉锈红色；菌管长1～2.5 cm，孔口多角形，平均2～3个/mm；孢子卵形，宽椭圆形或近球形，黄褐色，光滑，7.5～10.5 μm × 6～9 μm。全年生于苹果、杨、核桃、榆、柳等活立木树干、主枝上，引起心材腐朽。入药用于治疗消化不良、止血，抑肿瘤等。

分布于黑龙江、吉林、河北、山东、山西、陕西等地。

硫磺菌
Laetiporus sulphureus

子实体中到大型；菌盖扁平形，长3～30 cm，宽3～25 cm，表面平滑或有褶皱，橙黄或柠檬黄色，老后变白；菌肉白色或淡黄色，较厚；无柄；菌管密，管口多角形，硫磺色；孢子无色，近球形至卵圆形，5～7 μm × 4～5 μm。夏秋季于阔叶树立木或枯树上散生或覆瓦状叠生。幼嫩时可食，并可药用。

广泛分布于我国东北、华北和南方地区。

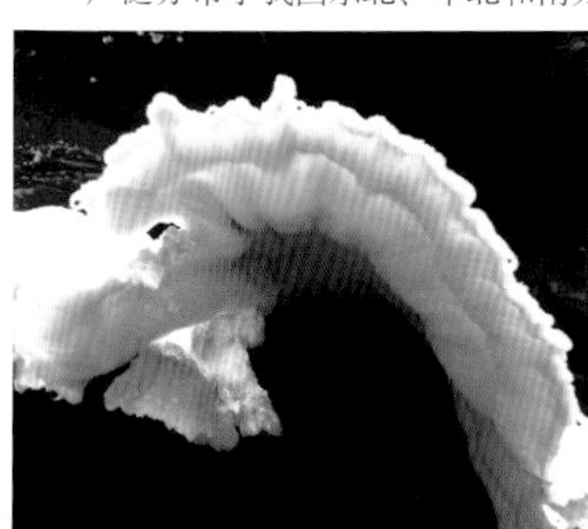

朱红色硫磺菌
Laetiporus sulphureus var. *miniatus*

别名：鸡冠菌、老鹰菌

子实体中到大型；菌盖扁平形，长3～30 cm，宽3～25 cm，厚0.5～2 cm，表面平滑或有褶皱，鲜朱红色或间杂朱红色，老后变白；菌肉鲑肉色，较厚；无柄；菌管密，管口多角形，硫磺色；孢子无色，近球形至卵圆形，5～8 μm × 4～5.5 μm。夏秋季于阔叶树活立木或枯木上散生或覆瓦状叠生。幼嫩时可食，并可入药。

分布于黑龙江、河北、安徽、浙江、江西、重庆、云南、福建等地。

桦褶孔菌
Lenzites betulina

子实体中到大型；菌盖宽3～12 cm，扇形至近圆形，浅褐色至深褐色，表面有绒毛和环带；菌肉白色至土黄色，较薄；菌褶白色至土黄色，稍密；孢子无色，近球形，直径3～6 μm。夏秋季于阔叶树或针叶树腐木上覆瓦状生长。可入药，具有重要的药用价值。

分布于全国各地。

黄柄小孔菌
Microporus xanthopus

别名：盏芝

子实体中到大型；菌盖直径3～12 cm，漏斗状，黄褐色至栗褐色，表面有光泽，具同心环带；菌肉白色，薄，韧；菌管密，管口细小，白色；菌柄长2～4 cm，粗0.1～0.2 cm，浅黄色；孢子无色，椭圆形，5～7 μm × 2～3 μm。春至秋季于阔叶树枯木上单生或群生，可导致木材腐朽。

分布于江西、福建、贵州、云南、广西、广东、海南等地。

蹄形干酪菌
Oligoporus tephroleucus

别名：面包菌

子实体小到中型，马蹄形，宽2～6 cm，厚1～3 cm，纯白色，后期淡黄色；菌肉白色，软，干后易脆；菌管白色，管孔多角形，较密；无菌柄；孢子无色，短棒状，3～5.5 μm × 1～2 μm。春夏之交于阔叶树枯木上单生或群生。可入药。

分布于河北、山西、浙江、福建、江西、重庆等地。

松杉暗孔菌

Phaeolus schweinitzii

别名：栗褐暗孔菌

子实体大型；菌盖直径15~25 cm，厚0.5~1 cm，半圆形，柄短，黄褐色到暗褐色，柔软，表面粗糙，具粗绒毛和环纹及环带；管口暗褐黄色，近角形，管口直径0.2~0.3 cm；孢子7~8 μm × 20~25 μm。生于针叶树根际。入药可用于抑制肿瘤。

分布于黑龙江、吉林、辽宁等地。

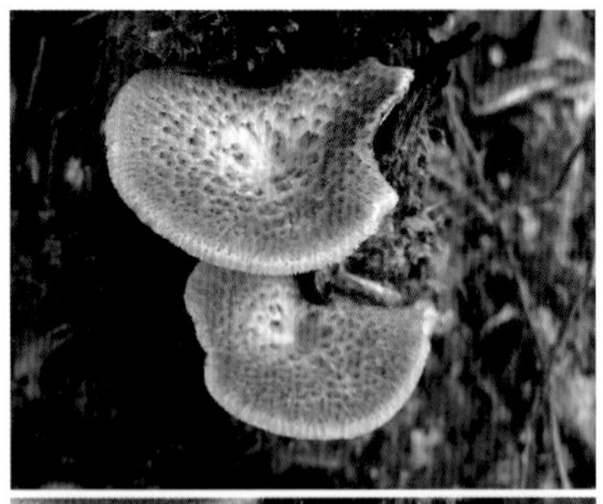

大孔多孔菌

Polyporus alveolaris

子实体小到中型；菌盖半圆形，宽1 ~ 10 cm，淡黄色至黄褐色，具不明显的放射状条纹；菌肉白色或淡黄色，较厚，质韧；菌管较长，管口大，多角形；孢子近圆柱形，9~11 μm × 3~3.5 μm。春秋两季于林中阔叶树枯木上单生或散生，对木材有较弱分解力。

分布于河北、山西、安徽、浙江、江西、湖北、重庆、云南、广西等地。

漏斗多孔菌

Polyporus arcularius

子实体小型；菌盖呈漏斗状，直径1～5 cm，软革质，黄白色或茶褐色，表面有鳞片；菌肉白色，薄；菌孔稀，菱形；菌柄长1～8 cm，粗0.2～0.35 cm，有细鳞片；孢子无色，椭圆形，7～8 μm × 2～3.5 μm。春至秋季于腐木、枯枝上群生或丛生。可食，韧，无味；民间入药治心脏病。

分布于全国各地。

褐多孔菌

Polyporus badius

别名：褐拟多孔菌

子实体中到大型；菌盖宽3～12 cm，扇形至近圆形，褐色至栗褐色；菌肉白色，薄，质韧；菌管延生，较密，管孔白色；菌柄黑色或基部黑色，有细绒毛，长0.5～3 cm，粗0.3～0.8 cm；孢子无色，长椭圆形，5.5～8 μm × 2～4 μm。春秋季节于阔叶树枯木或倒木上散生或群生，对木材有较强分解力。

分布于全国各地。

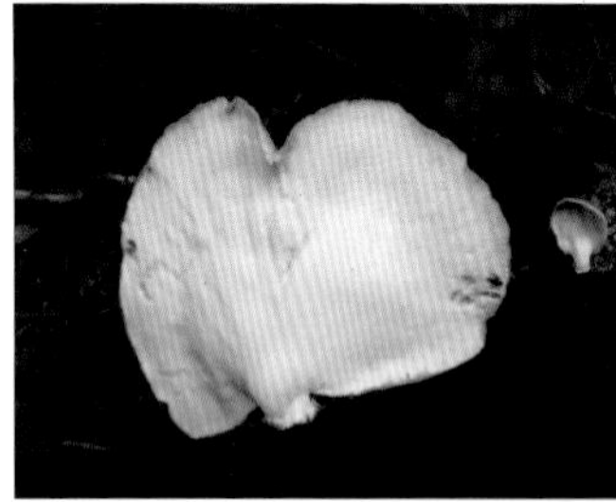

条盖多孔菌
Polyporus grammocephalus

子实体中到大型；菌盖长5~18 cm，宽3~10 cm，半圆形至扁平形，浅肉色至黄褐色或茶褐色，表面光滑，有辐射状棱纹；菌肉白色，韧；菌管延生，淡黄色，较密；孢子无色，长椭圆形，6~10 μm × 3~4 μm。夏秋季于林中阔叶树枯木上单生或群生，对木材有致腐作用。

分布于重庆、贵州、云南、广西、广东、海南等地。

多孔菌
Polyporus varius

子实体中等大；菌盖直径3~8 cm，近圆形至浅漏斗状，黄白色；菌肉白色，薄；菌管延生，暗黄色，孔稍大；菌柄淡黄色，中下部黑色，长3~5 cm，粗0.3~0.5 cm；孢子圆柱形，8~12 μm × 3~5 μm。夏秋季于林中枯木上单生或群生。可入药。

分布于全国各地。

红孔菌

Pycnoporus cinnabarinus

别名：朱红密孔菌、红栓菌

子实体小到中型；菌盖扁半圆形，长2～10 cm，宽1.5～7 cm，橙红色至鲜红色，无环带，基部短；菌肉韧质，橙黄色，厚0.5～2.5 cm；菌管短，密，管口多角形，红色；孢子无色，圆柱形，5～7.5 μm × 1.5～3 μm。春秋季节于阔叶树或针叶树枯木上群生。可入药。

分布于全国各地。

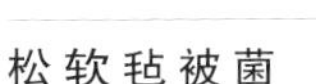

松软毡被菌

Spongipellis spumeus

子实体一年生，无柄，新鲜时软而多汁，干后硬，易碎；菌盖半圆形或壳状，3～14 cm × 5～22 cm，厚2～6 cm，表面无皮层，具有一层似海绵质绒毡；菌肉白色；菌管与菌肉同色；管口略圆形至不规则，2～4个/mm；孢子近球形，透明，6～7.8 μm × 5～6 μm，常含油滴。生于阔叶树活立木或枯木上，为木材腐朽菌。

分布于黑龙江、吉林、山东等地。

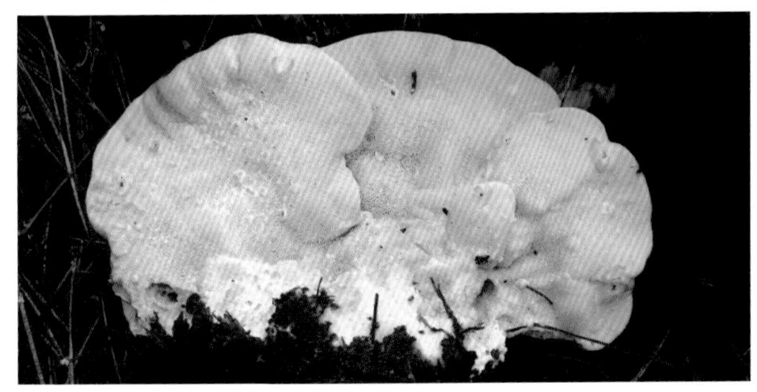

云芝

Trametes versicolor

别名：杂色云芝

子实体中等大；菌盖半圆形至贝壳状，长1～10 cm，宽1～6 cm，表面密被短绒毛，颜色多样，一般呈灰褐色、黑褐色等，具同心环带；菌肉白色，韧，较薄；菌管稍稀，管口白色或灰色；孢子无色，宽椭圆形，8～12 μm × 1.5～3.5 μm。全年于阔叶树树桩、腐木上覆瓦状叠生。该种菌为重要药用菌，具去湿、化痰等功效，并具抗癌效果。

分布于吉林、辽宁、内蒙古、河南、湖北、重庆、四川、贵州、广西、广东等地。

冷杉囊孔菌

Trichaptum abietinum

菌盖无柄，小，半圆形或贝壳状，1～4.5 cm × 0.5～3 cm，薄，革质，白色至灰色，边缘常呈绿褐色，被绒毛并有环纹；菌管不规则，常呈齿状，带紫色；囊状体无色，粗4～6 μm。春至秋季于松、杉等针叶树腐木上呈叠瓦状生长，对木材有较强的分解力。

分布于黑龙江、吉林、河北、浙江、福建、重庆、四川、云南等地。

茯苓
Wolfiporia cocos

菌体中到大型，形态多样，多呈圆球形、椭圆形或不规则状，直径5～30 cm或更大；表皮稍皱，坚硬，黄褐色、棕褐色至黑褐色；内部白色、淡粉红色或黄褐色；子实体少见，一般小型，白色至淡黄白色；菌管稍密，管口多角形；无柄；孢子近圆柱形，6～10 μm × 2～4 μm。全年生于马尾松等松属树种树蔸或埋木上。该种菌为最常用的药用菌，具止咳、利尿、泻热、安神等药用功效。

分布于东北、华东、西南、华南等地。

榆耳
Gloeostereum incarnatum

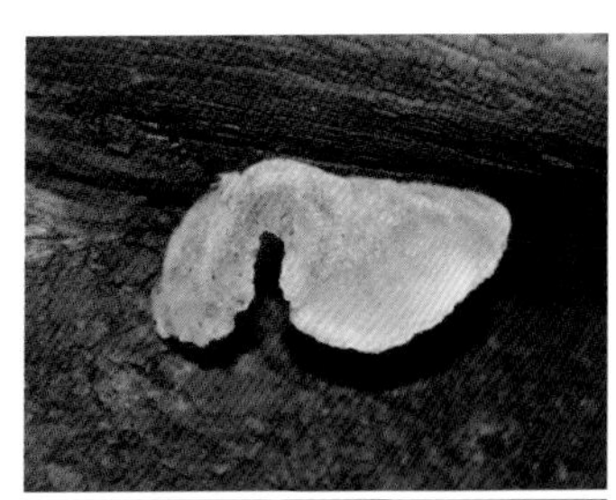

别名：榆蘑、肉蘑

子实体较小或中等大；无菌柄，菌盖初期近球形，呈扇形或盘状，背着生，胶质，柔软，有弹性，盖面污白带粉红黄色，被短细绒毛；孢子无色，平滑，卵圆至椭圆形，6～8 μm × 0.7～4 μm。生于榆树枯干上，往往数个生长一起。可食用，美味，辽宁民间用于治疗痢疾等病症。

分布于黑龙江、吉林、辽宁、内蒙古、新疆等地。

胶皱孔菌

Merulius tremellosus

别名：胶质干朽菌

子实体平伏而边缘反卷，幼期完全平伏；盖面直径2~7 cm，近污白色，有绒毛，无环带，边缘薄；菌肉白色，软，厚约1~1.5 mm；子实层表面粉红色，半透明，由棱脉交织成凹坑；孢子无色，腊肠形，3~4.5 μm × 1 μm。夏秋季生于阔叶树枯木或腐木上，对木材有一定的分解力。

分布于黑龙江、吉林、河北、安徽、浙江、重庆、四川、陕西、西藏等地。

树舌

Ganoderma applanatum

别名：树舌灵芝、平盖灵芝、老母菌

子实体中到大型；菌盖半圆形或不规则形，长5~30 cm，宽4~15 cm，灰白色至锈褐色，具同心环带，表皮质硬；菌肉棕黄色，较厚，韧；菌管褐色，密，管孔近圆形；无柄；孢子椭圆形，7~10 μm × 4~6.5 μm。全年生于阔叶树树干、树桩上。可入药，对乙肝有一定疗效。

分布于黑龙江、吉林、辽宁、河北、山西、安徽、江苏、浙江、福建、江西、湖北、重庆、云南等地。

南方树舌
Ganoderma australe

别名：南方灵芝、老母菌

子实体中到大型；菌盖半圆形，宽5～20 cm，灰褐色、棕褐色至黑褐色，具同心环带，表皮质硬；菌肉棕褐色，韧，厚1～2.5 cm；菌管较密，成层，褐色至深褐色；无柄；孢子浅褐色至褐色，卵形至椭圆形，10～15 μm × 7～9 μm。全年于阔叶树树干、树桩上生。可入药，药效同树舌。

分布于长江以南地区。

灵芝
Ganoderma lucidum

别名：赤芝、仙草

子实体中到大型；菌盖宽6～18 cm，肾形、半圆形至近圆形，褐黄色至红褐色，表面有光泽，具同心环带；菌肉白色或淡褐色，较厚；菌管白色、淡黄色至褐色；菌柄长8～15 cm，粗1～3 cm，同菌盖色；孢子淡褐色，近球形，8～10.5 μm × 6～7.5 μm。夏秋季于阔叶树树桩、埋木上单生或散生。该种为传统著名药用菌，对癌症、脑溢血、心脏病以及神经衰弱、慢性支气管炎等疾病有显著的疗效。

分布于华北、华东、华中、西南、华南地区。

无柄灵芝

Ganoderma resinaceum

子实体中到大型；菌盖半圆形，6～15 cm × 5～8 cm，红褐色至黑褐色，具漆样光泽，有明显同心环带；菌肉褐色至棕褐色，较厚；菌管褐色，孔面黄白色至锈褐色；无柄；孢子淡褐色，近椭圆形，8～10.5 μm × 5～7 μm。全年生于阔叶树枯木上。可入药。

分布于华南地区。

松杉灵芝

Ganoderma tsugae

别名：铁杉灵芝

子实体有柄；菌盖扇形，直径5～30 cm，厚1～6 cm，木栓质，表面红色或紫红色，具有光泽的皮壳，有环带，边缘有棱纹；柄侧生，长2～10 cm，粗1～4 cm，菌肉白色，管口白色，4～6个/mm；孢子褐色，卵形，内壁具明显的小刺，9～13.5 μm × 6～8 μm。生于针叶树树干基部或腐木。可入药，具抗癌效果，并可提高人体免疫力。

分布于黑龙江、吉林、甘肃等地。

该目为蘑菇中最大的一目，其特点为多数呈伞状，具菌盖、菌柄、菌褶（菌管）等结构分化，质地多为肉质，少部分质韧；宏观和微观形态复杂多样；生长于林下、草地、田园等枯木、粪草、土壤多元化的环境中；具腐生、寄生、共生多种生态关系类型。该类蘑菇具有极重要的利用价值，食用菌、药用菌种类繁多，不少与植物具有共生关系的种类还可以用于森林培育。

侧耳科
Pleurotaceae

月夜菌

Lampteromyces japonicus

别名：月光菌、毒侧耳（东北）、日本发光侧耳

子实体中等至大型；菌盖扁平，直径可达10～27 cm，盖表面暗紫或紫褐色；菌肉污白；菌褶污白，不等长；菌柄很短，具菌环，破开柄后近基部菌肉中一块暗紫色斑；孢子无色，近圆球形，直径10～16 μm。秋季多在槭树等阔叶树倒木上生长。此种极毒，食后眩晕、沉闷、呼吸缓慢、嗜睡等，严重者会引起死亡。

分布于吉林、福建、湖南、贵州等地。

贝壳状小香菇
Lentinellus cochleatus

子实体小型；菌盖直径3～6 cm，平滑，红褐色至黄土色；菌肉薄，干后变坚硬；菌柄中生或偏生，短，长2～4 cm，粗0.5～0.8 cm，螺旋状扭曲在一起；孢子无色，近球形，3～4 μm × 4～4.5 μm。夏季于阔叶树腐木上丛生，对枯木有较弱分解力。可食用，但以幼时食用为宜。

分布于吉林等地。

香菇
Lentinula edodes

别名：香菌、花菇、冬菇等

子实体中到大型；菌盖直径4～18 cm，扁半球形至平展，茶褐色至黑褐色；表面有纤维状鳞片，易脱落；菌肉白色，厚；菌褶弯生，白色；菌柄白色，长3～5 cm，粗0.5～1 cm；菌环生柄上部，膜质，易脱落；孢子无色，椭圆形，4.5～5 μm × 2～3 μm。春秋季节于阔叶树枯木上单生、群生或丛生。可食用，味美。

分布于吉林、河北、陕西、安徽、江苏、浙江、湖北、重庆、四川、云南等地。

豹皮菇

Lentinus lepideus

别名：洁丽香菇、豹皮香菇

子实体中到大型；菌盖直径3～12 cm，初期扁半球形，后平展，淡黄色，表皮开裂呈鳞片状；菌肉白色，较厚；菌褶延生，白色，较稀；菌柄白色，长3～6 cm，粗0.5～2 cm，中下部被毛状鳞片；孢子无色，圆柱形，8～12 μm × 3～5 μm。夏秋季于马尾松树桩、枯木上单生或群生。可食用，入药治铁打损伤。

分布于黑龙江、吉林、河北、山西、陕西、重庆、云南等地。

亚侧耳

Hohenbuehelia serotina

别名：元蘑、冻菌

子实体中到大型；菌盖直径3～12 cm，半圆形或肾形，扁半球形至平展，黄绿色或带褐色，粘，有细绒毛；菌肉白色，厚；菌褶延生，白色，稍密；菌柄短或无，侧生；孢子无色，腊肠形，30～45 μm × 9～15 μm。秋季于桦木或其他阔叶树枯木上覆瓦状丛生。可食用，味道鲜美。

分布于东北、西南等地。

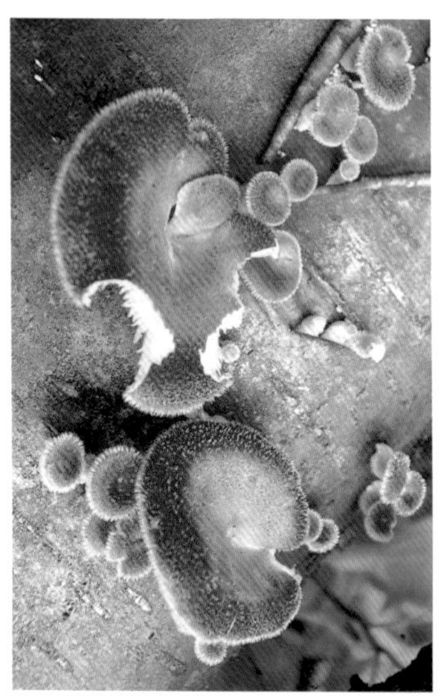

紫革耳
Panus torulosus

子实体中到大型；菌盖直径3～12 cm,漏斗或近漏斗状，淡紫色至灰紫色，表面有细绒毛；菌肉肉质至韧质,白色,较厚；菌褶延生,白色至淡紫色；菌柄韧，长1～5 cm，粗0.5～1.5 cm；孢子无色,长椭圆形，5～7.5 μm × 2～3 μm。夏秋季于阔叶树枯木上散生或近丛生。幼嫩时可食，并可入药。

分布于河南、陕西、重庆、云南、广东等地。

黄毛侧耳
Phyllotopsis nidulans

子实体较小，侧耳状，菌盖直径2～6 cm,鲜黄色，表面被黄色鳞片，边缘内卷、有绒毛；无菌柄；菌褶黄色,直生至延生；孢子无色,光滑,长椭圆形,5～8 μm × 2～4 μm。夏至秋季生于阔叶树腐木上,对木材有一定分解力。有人认为可食用。

分布于吉林、甘肃、广东等地。

贝形圆孢侧耳

Pleurocybella porrigens

子实体小至中型；菌盖宽2～6 cm，贝形、半圆形至扇形，白色，光滑，水浸状；菌肉白色，较薄；菌褶从基部放射性生出，密；无菌柄；孢子无色，球形至近球形，直径3.5～7 μm。春秋季节于枯木上单生、群生或丛生。可食。

分布于长江以南地区。

大幕侧耳

Pleurotus calyptratus

别名：大幕扇菇、大幕菌

子实体中等大；菌盖直径3～12 cm，半圆形或近肾脏形，烟灰色，湿润时稍粘，往往附有白色菌幕残片；菌肉白色，稍厚；菌褶白色，稍密，不等长；菌幕白色，薄，粘性，随菌盖伸展而破碎；孢子无色，近圆柱形至长椭圆形，9～14.5 μm × 4.8～5.4 μm。早春至初夏于杨树干或倒木枝干上群生。可食用。

分布于吉林、宁夏、河南、西藏等地。

金顶侧耳

Pleurotus citrinipileatus

别名：榆黄磨、金顶蘑

子实体小到中等大；菌盖直径2~8 cm，近漏斗状，鲜黄色至草黄色；菌肉白色，薄；菌褶白色，延生；菌柄白色，长3~10 cm，粗0.5~1.5 cm；孢子无色，圆柱形，7~9.5 μm × 2~5 μm。秋季于阔叶树枯木上丛生。美观，可食，为美味食用菌。

分布于黑龙江、吉林、河北、广东、西藏等地。

平菇

Pleurotus ostreatus

别名：糙皮侧耳

子实体中到大型；菌盖直径5 ~ 20 cm，扁半球形至平展，稍内卷，白色至灰白色或青灰色，表面光滑；菌肉厚，白色；菌褶白色，延生；菌柄有或无，长1~3 cm，粗1~2 cm，白色，基部有绒毛；孢子无色，长椭圆形，7~11 μm × 2~4 μm。春秋季节于阔叶树枯木上覆瓦状丛生。该种为常见美味食用菌，现已大量人工栽培。

分布于全国各地。

裂褶菌科
Schizophyllaceae

裂褶菌

Schizophyllum commune

别名：白参

子实体小型；菌盖宽0.3~4.5 cm，扇形或肾形，白色至灰褐色，质韧，常裂为瓣片状，上表面被绒毛，内卷；菌褶从基部辐射状生出，窄，同盖表色；孢子无色，棍棒状，5~65 μm × 2~35 μm。春至秋季于阔叶树、针叶树、禾本科植物秆上散生或群生。可入药，具抗癌效果，并能治疗妇女白带过多。

分布于东北、华北、华东、西南、华南等地。

鸡油蜡伞

Hygrocybe cantharellus

蜡伞科
Hygrophoraceae

别名：鸡油湿伞、舟蜡伞

子实体小型；菌盖直径1~4 cm，扁半球形至平展，橙红色至深红色；菌肉淡黄色，薄；菌褶延生，橙黄色，宽；菌柄同盖色，光滑，长4~8 cm，粗0.2~0.8 cm；孢子无色，卵圆形，5~9.5 μm × 5~6 μm。春夏之交于林中地上单生、群生或丛生，为外生菌根菌。可食。

分布于华东、西南、华南等地。

浅黄褐蜡伞

Hygrocybe flavescens

别名：浅黄褐湿伞

子实体小型；菌盖直径2～5 cm，半球形至平展，黄色或橙黄色，边缘有纵条纹，粘；菌肉浅黄色，薄；菌褶直生，同盖色；菌柄长3～6 cm，粗0.3～0.8 cm，同盖色，中空；孢子无色，椭圆形，7～10 μm × 3～5 μm。夏秋季于林中地上单生或群生。不宜食用。

分布于西南和华南地区。

小红蜡伞

Hygrocybe miniata

别名：朱红蜡伞

子实体小型；菌盖直径1～3.5 cm，初期扁半球形，后平展，橘红色至朱红色，边缘具较明显条纹；菌肉淡黄色，薄；菌褶直生至近延生，橙黄色，较稀；菌柄橙黄色至朱红色，长4～8 cm，粗0.2～0.5 cm；孢子无色，近椭圆形，7～9.5 μm × 5～6 μm。夏秋季于林中地上散生或群生。可食。

分布于吉林、江苏、福建、重庆、广西、广东等地。

橙黄蜡伞

Hygrocybe persistens

子实体小到中型；菌盖直径2～8 cm，初期圆锥形、钟形，后近平展，中部尖突，黄色、橙黄色至橙红色；菌肉浅黄色，薄；菌褶离生或近直生，黄色，较稀；菌柄同盖色或较浅，长6～8 cm，粗0.3～0.6 cm；孢子无色，椭圆形，9～14 μm × 5～7.5 μm。春至秋季于林下或草地群生。

分布于重庆等地。

青绿蜡伞

Hygrocybe psittacina

别名：青绿湿伞

子实体小型；菌盖直径1～3.5 cm，扁半球形至近平展，常中部稍凸起，青绿色至暗绿色，老后间杂土红色，湿时粘；菌肉薄，脆；菌褶直生，初期带绿色，后期带土红色；菌柄同盖色，长3～8 cm，粗0.5～1 cm；孢子无色，椭圆形，5～8 μm × 4.5～6 μm。春夏之交于林中地上单生或群生。可食。

分布于山西、福建、重庆等地。

金粒蜡伞
Hygrophorus chrysodon

子实体较小；菌盖直径2.5～8 cm，顶部凸起，湿时粘，中部白色，有金黄色颗粒；菌肉白色，稍厚；菌褶延生，白色，褶缘有黄色粉状物；菌柄长2.5～8.5 cm，粗0.5～2 cm，白色，顶部具金黄色粉粒；孢子无色，椭圆形，7～10 μm × 3.5～5 μm。夏秋季在林中地上单生或群生。可食用。

分布于黑龙江、吉林、辽宁、甘肃、云南、西藏等地。

变黑蜡伞
Hygrophorus conicus

子实体小型；菌盖直径2～4.5 cm，初期圆锥形，后斗笠形至平展，橙红至鲜红色，具放射状细条纹，伤后变黑色；菌褶离生，浅黄色，伤变黑色；菌柄橙色，长4～8 cm，粗0.5～0.8 cm，伤变黑色；孢子带黄色，椭圆形，7.5～8.5 μm × 10～11 μm。春夏之交于林中地上或草丛中散生或群生，为外生菌根菌。该种有毒。

分布于黑龙江、吉林、河南、安徽、湖北、重庆、四川、西藏等地。

皮尔松湿伞
Hygrophorus persoonii

子实体一般中等大；菌盖直径4～9 cm，中部稍突起，湿时很粘，淡褐色，中部色深；菌肉白色，较薄；菌褶白色，稀，宽；菌柄柱状，菌环以下位置具有与盖一致的黏液；孢子椭圆形，9～12.5 μm × 5～7 μm。夏秋季于阔叶林或混交林内地上生。据记载可食用，但需谨慎。

分布于吉林、云南、甘肃等地。

白蘑科
Tricholomataceae

蜜环菌
Armillaria mellea

别名：榛蘑、焦脚菌、假蜜环菌

子实体中到大型；菌盖直径 3～15 cm，土黄色至棕褐色，中部常有鳞片，边缘具条纹；菌肉白色，较厚；菌褶直生至延生，白色或粉色；菌柄长 5 ～20 cm，粗0.5～2.5 cm，基部稍膨大；菌环生柄上部，白色；孢子近无色，椭圆形或近卵形，7～9 μm × 6～7 μm。晚秋至初冬季节于阔叶林中树桩、树根、倒木上群生或丛生。该种为美味食用菌，且可入药；并为天麻、猪苓的共生菌。

分布于黑龙江、吉林、河北、山西、安徽、浙江、湖南、重庆、四川、云南等地。

假蜜环菌
Armillariella tabescens

别名：榛蘑、无环蜜环菌

子实体中到大型；菌盖直径3~10 cm，初期扁半球形，后平展，蜜黄色至黄褐色；菌肉白色，薄；菌褶直生至延生，白色或肉色；菌柄同盖色，长7.5~20 cm，粗0.5~1.5 cm；无菌环；孢子无色，椭圆形，6~10 μm × 5~7 μm。秋至初冬季节于阔叶树树桩或枯木上丛生，对树木有较强的致腐力。可食，味美。

分布于吉林、河北、河南、安徽、江西、湖北、重庆、四川、云南等地。

星孢寄生菇
Asterophora lycoperdoides

别名：蕈寄生

子实体小型；菌盖直径0.5~3 cm，初期近球形，白色，其上有一层土黄色粉末状厚垣孢子；菌肉白色，较薄；盖褶稀疏，白色，分叉，直生；菌柄白色，长1~3 cm，粗0.2~0.5 cm；孢子无色，椭圆形，5~6.5 μm × 3~3.5 μm。夏秋季于稀褶黑菇子实体上群生，为菌寄生真菌。

分布于吉林、黑龙江、河南、江西、福建、湖南、四川、西藏等地。

脉褶菇
Campanella junghuhnii

别名：网纹平菇

子实体小型；菌盖直径0.3～3 cm，极薄，膜质，白色；菌褶白色，宽，具放射状褶脉；菌柄短，长0.1～0.2 cm；孢子椭圆形，7～10 μm × 4～5 μm。春夏之交于枯枝上群生或丛生，对枯木有较弱分解力。

分布于福建、重庆等地。

水粉杯伞
Clitocybe nebularis

别名：水粉蕈、烟云杯伞

子实体中等大；盖直径4～13 cm，菌盖边缘平滑、无条棱；菌褶窄而密，污白色，延生；菌柄白色，长4～8 cm，粗达3 cm，基部往往膨大；孢子光滑，无色，椭圆形，5.5～7.5 × 3.5～4 μm。春至秋季于林中地上散生或群生。可食，但有报道有毒。

分布于黑龙江、山西、吉林、四川、青海等地。

栎金钱菌
Collybia dryophila

别名：干褶金钱菇、栎小皮伞

子实体小到中型；菌盖直径2~6 cm，半球形至平展，黄白色至黄褐色；菌肉黄白色，薄；菌褶白色，密；菌柄长3~8 cm，粗0.2~0.5 cm，上部白色或浅黄色，近基部黄褐色；孢子无色，椭圆形，4~6 μm × 2~4 μm。春秋季节于阔叶林中地上枯落层上群生或丛生。可食，但有人食后引起肠胃不适，需慎重采食。

分布于黑龙江、吉林、河南、山西、安徽、重庆、云南、福建等地。

红柄金钱菌
Collybia erythropus

别名：红柄小皮伞

子实体小型；菌盖直径1~5 cm，扁半球形至平展，浅黄褐色，中部稍深；菌肉淡黄白色，薄；菌褶直生，浅黄色，密；菌柄长3~6 cm，粗0.1~0.3 cm，红色至红褐色；孢子无色，椭圆形，5~8 μm × 3~5 μm。夏秋季于林中地上单生或群生。可食。

分布于江苏、浙江、江西、湖北、重庆、四川等地。

柄毛皮伞
Crinipellis stipitaria

子实体小型；菌盖直径1～2 cm，扁半球形至平展，浅黄白色至肉色，表面被放射状褐色绒毛，中央较浓密；菌肉白色，薄；菌褶近离生，白色，稍稀；菌柄同盖色，被茶褐色至褐色绒毛，长3～6 cm，粗0.1～0.2 cm；孢子无色，近椭圆形，5.5～7.5 μm × 4～5 μm。春夏之交于枯枝上散生或群生，对枯木有较弱分解力。食毒特性未明。

分布于重庆等地。

毛皮伞
Crinipellis zonata

子实体小型；菌盖直径1～2.5 cm，钟形、扁半球形至平展，表面有茶色至暗褐色纤维状绒毛，中部密；菌肉白色或肉色，薄；菌褶离生，白色，密；菌柄同盖色，密被绒毛，长2.5～5 cm，粗1～1.5 mm；孢子无色，椭圆形，4～6 μm × 3～5 μm。春秋季节于枯木上群生，对枯木有较弱分解力。食毒特性未明。

分布于重庆等地。

小橙伞
Cyptotrama aspratum

子实体小型；菌盖直径1～3 cm，初半球形后至平展，柠檬黄至橙色，表面有细密鳞刺；菌肉淡黄色；菌褶直生，白色，稍稀；菌柄长1.5～5 cm，粗0.2～0.4 cm，表面覆盖膜状淡黄色鳞片；孢子无色，近卵圆形，7.0～8.0 μm × 6～7 μm。春夏季生于林内阔叶树枯枝上，对枯木有较弱分解力。食毒特性未明。

分布于重庆、福建、广东等地。

金针菇
Flammulina velutipes

别名：冬菇、构菌

子实体小到中型；菌盖直径1～10 cm，初期球形，后平展，表面粘滑，深橙黄色至黄褐色；菌肉白色，稍厚；菌褶弯生，密，白色或淡黄色；菌柄长2～11 cm，粗0.3～1.5 cm，黄褐色，表面有黑褐色绒毛；孢子无色，圆柱形，6.5～9 μm × 3～5 μm。晚秋至初春于林中阔叶树树干、倒木、树桩上群生或丛生。该种为常见美味食用菌，现已人工大量栽培。

分布于全国各地。

斑玉蕈
Hypsizygus marmoreus

别名：蟹味菇、真姬菇

子实体中至大型；菌盖直径6~15 cm，扁半球形至平展，污白色、浅灰白黄色，表面平滑，中央有似大理石花纹；菌肉白色，稍厚；菌褶污白色，近直生；菌柄白色，长4~8 cm，粗0.2~0.6 cm，光滑或有纵条纹；孢子无色，宽椭圆形，4~5.5 μm × 3.5~4.2 μm。夏秋季于阔叶树枯木或倒木上群生或丛生。可食，味美；入药可防便秘、抗癌，并具有提高免疫力、预防衰老等功效。

分布于吉林、辽宁、山西等地。

紫晶蜡蘑
Laccaria amethystea

别名：紫蜡蘑

子实体小型；菌盖直径2~5 cm，扁半球形至平展，中部稍下凹，淡蓝紫色至蓝紫色；菌肉蓝紫色，薄；菌褶直生，蓝紫色，稍稀；菌柄长2~6 cm，粗0.3~0.5 cm，蓝紫色或稍淡；孢子无色，表面有小疣，近球形，8~12 μm。夏秋季于林中地上单生或群生，为外生菌根菌。可食。

分布于河北、江西、安徽、浙江、江西、湖北、重庆、四川、云南、广西等地。

红蜡蘑

Laccaria laccata

别名：红皮条菌、一窝蜂

子实体小型；菌盖直径1～5.5 cm，扁半球形至平展，中部稍下凹，肉红色至淡红褐色，边缘具短条纹；菌肉淡红色，薄；菌褶同盖色稍淡，直生至近延生，宽；菌柄长2～8 cm，粗0.2～1 cm，同盖色；孢子无色，球形，直径7～11 μm。春秋季节于林中地上散生或群生，为外生菌根菌。可食。

分布于全国各地。

俄亥俄蜡蘑

Laccaria ohiensis

子实体小型；菌盖直径1～4.5 cm，初扁半球形，后平展，中部常下凹呈脐状，浅橙黄色至淡红褐色，具明显纵条纹，边缘常开裂呈波状反卷；菌肉粉红色，薄；菌褶直生或稍延生，同盖色；菌柄长1～3.5 cm，粗0.3～0.6 cm，同盖色；孢子球形或近球形，直径8～9 μm。春夏之交于阔叶林中地上散生或群生，为某些阔叶树的外生菌根菌。可食用。

分布于重庆、台湾等地。

紫丁香蘑

Lepista nuda

别名：裸口蘑、紫晶蘑

子实体中等大；菌盖直径3～10 cm，扁半球形至平展，淡紫色至丁香紫色；菌肉淡紫色，较厚；菌褶同盖色，稍浅，直生，密；菌柄同盖色，长4～8 cm，粗1～2 cm，基部稍膨大；孢子无色，椭圆形，5～7.5 μm × 2～5.5 μm。秋冬之交于林中地上单生、散生或群生。可食，味美。

分布于吉林、辽宁、山西、安徽、浙江、江西、湖北、重庆、云南等地。

粉紫香蘑

Lepista personata

子实体中到大型；菌盖直径5～15 cm，扁半球形至平展，藕粉色至粉紫色；菌肉白色或带淡紫色，较厚；菌褶弯生，淡粉紫色；菌柄紫色或淡紫色，被白色鳞片，长4～8 cm，粗1～3 cm；孢子无色，椭圆形，6～8 μm × 5～6 μm。夏秋季于林中地上群生。可食。

分布于黑龙江、内蒙古、甘肃、宁夏、新疆等地。

花脸香蘑
Lepista sordida

别名：花脸蘑、紫花脸蘑

子实体小到中型；菌盖直径4～8 cm，扁半球形至平展，鲜紫色，老熟后色变淡，湿时呈水浸状宽环带；菌肉薄，淡紫色；菌褶稍稀，淡蓝紫色；菌柄同盖色，长4～7 cm，粗0.3～1 cm；孢子无色，椭圆形，6.5～10 μm × 3～5 μm。夏秋季于林中地上或菜园、荒坡、草地等处散生或群生。可食，味道鲜美。

分布于东北、西北、西南等地。

伞形地衣亚脐菇
Lichenomphalia umbellifera

子实体小型；菌盖直径0.5～1.5 cm，半球形至近平展，常呈伞状，浅黄色至淡橙红色，表面粘，具纵条纹；菌褶延生，白色，稀；菌柄长1.5～3 cm，粗1.5～3 mm，同盖色或稍淡；孢子无色，长椭圆形，7～9.5 μm × 3～5 μm。春夏之交于地衣、苔藓间单生或散生。子实体过小，无食用价值。

分布于重庆等地。

荷叶离褶伞
Lyophyllum decastes

别名：荷叶蘑、千佛头

子实体中到大型；菌盖直径5～15 cm，扁半球形至平展，浅灰褐色至灰黄色；菌肉白色，较厚；菌褶直生，白色，密；菌柄长3～8 cm，粗0.5～1.5 cm，白色；孢子无色，近球形，直径5～7 μm。夏秋季于阔叶林中地上丛生。可食，为美味食用菌。

分布于江苏、重庆、云南、西藏、青海、甘肃、新疆等地。

白微皮伞
Marasmiellus candidus

别名：白皮伞

子实体小型；菌盖直径0.6～4 cm，初期扁半球形，后至平展，表面干，白色、污白色，老熟后常变浅褐色；菌褶稀，直生，白色或污白色；菌柄白色，长0.7～2 cm，粗0.15～0.4 cm；孢子椭圆形，11～15 μm × 3.5～5.5 μm。春秋季节于阔叶树枯树枝或活立木树皮上群生，对纤维素有较弱分解力。可食，但质韧，口感不好。

分布于福建、重庆等地。

黑柄微皮伞
Marasmiellus nigripes

子实体小型；菌盖直径1～2 cm，扁半球至近平展，白色，表面有较宽条纹；菌褶稀，白色，延生；菌柄暗灰色至黑色，表面有白色粉状物，长2.5～5 cm，粗0.1～0.15 cm；孢子无色，近球形，直径8～9 μm。春秋两季于林中枯枝、落叶上群生或丛生，对纤维素有较弱分解力。

分布于吉林、山西、陕西、四川、重庆、广东等地。

安络小皮伞

Marasmius androsaceus

子实体小型；菌盖直径0.5～1.5 cm，圆锥形、扁半球形至近平展，茶褐色至红褐色，边缘有条纹；菌肉白，薄；菌褶直生，白色；菌柄黑色、黑褐色或稍浅，细，长3～5 cm；根状菌索发达，呈细铁丝或马鬃状，细长；孢子无色，椭圆形，6～8.5 μm × 3～5 μm。春秋季节于林中枯枝、落叶上散生或群生。可入药，对三叉神经、坐骨神经疼痛有较好疗效。

分布于吉林、湖南、重庆、云南、广东等地。

大盖小皮伞
Marasmius maximus

别名：大皮伞

子实体小到中等大；菌盖直径2～10 cm，扁半球形、钟形至平展，中部常下凹，白色至浅褐色，中央较深，具放射状沟纹；菌肉白，薄；菌褶离生，白色，稀；菌柄长4～10 cm，粗0.2～0.5 cm，浅黄色至黄褐色；孢子无色，长椭圆形，7～9.5 μm × 2～4 μm。春秋季节于林中枯木或腐叶上散生或群生，对枯枝落叶有较强分解能力。

分布于福建、重庆、广西等地。

紫红皮伞
Marasmius pulcherripes

子实体小型；菌盖直径0.5～2.5 cm，初期钟形、扁半球形，后平展，肉桂色、淡红色至紫红色，表面有放射性沟纹；菌肉肉桂色，薄；菌褶直生，稀；菌柄长3～8 cm，粗0.3～1 mm，紫褐色至黑褐色；孢子棒状，10～15 μm × 3～4 μm。夏秋季于阔叶林中地上散生或群生。

分布于重庆、福建等地。

紫纹小皮伞
Marasmius purpureostriatus

别名：紫条沟小皮伞

子实体小型；菌盖直径1～4 cm，半球形至平展，初期白色，后浅土黄色，具放射性沟纹，沟纹呈淡紫色至紫褐色；菌肉白色，薄；菌褶白色至淡黄色，离生，稀；菌柄长3～8 cm，粗0.1～0.3 cm，黄褐色，表面有绒毛；孢子无色，棒状，20～30 μm × 5～8 μm。春秋季节于林中枯枝及落叶上单生或群生，对枯枝落叶有较强分解力。

分布于湖南、湖北、重庆、云南、福建等地。

车轴小皮伞
Marasmius rotula

子实体小型；菌盖直径0.5～2 cm，钟形至宽半球形，白色至浅黄色，具放射状深沟；菌肉白色至浅褐色，薄；菌褶离生，着生于一个似车轴的圈上，稀疏，宽；菌柄顶端白色，下部暗褐色至黑色，长2～8 cm，粗0.1 cm；孢子长椭圆形，6～10 μm × 3～5 μm。春夏之交于落叶、枯树、枯竹枝上群生或丛生，能分解枯枝落叶。

分布于福建、重庆等地。

蒜味小皮伞
Marasmius scorodonius

子实体小型；菌盖直径1～3 cm，扁半球形至平展，淡黄色至浅黄褐色，有辐射状皱纹；菌肉白色至淡黄色，薄，具葱或蒜味；菌褶离生，密，白色至淡黄色；菌柄长2～6 cm，粗1～3 mm，淡黄色，下部色稍深；孢子无色，椭圆形，6～9 μm × 3～5 μm。春夏之交于林中落叶上散生或群生，能分解枯枝落叶。

分布于福建、重庆等地。

干小皮伞
Marasmius siccus

子实体小型；菌盖直径0.5～1 cm，质韧，干，扁半球形至钟形，淡黄色至褐黄色，具稀疏辐射状沟纹；菌褶近离生，白色；菌柄细，深褐色至黑色，长3～8 cm，粗0.1～0.2 cm；孢子细长，15～25 μm × 3.5～5 μm。春夏之交于阔叶林或松阔混交林枯枝、落叶上群生，对枯枝落叶有较弱分解力。

分布于吉林、山西、陕西、四川、重庆、广西等地。

疣柄铦囊蘑

Melanoleuca verrucipes

子实体小至中等大；菌盖直径3~8 cm，初半球形，后平展，污白色，平滑；菌肉污白色，中部稍厚；菌褶弯生，稍宽，污白至污黄色；菌柄长5~10 cm，粗0.5~1.0 cm，污白色，有暗褐色至褐黑色疣状鳞片；孢子无色，有疣，椭圆形，8.1~10.2 μm × 4.8~5.4 μm。夏秋季在针阔混交林中或林缘草地上群生或散生。可食用。

分布于吉林、西藏等地。

红黄小菇

Mycena acicula

子实体小型；菌盖直径0.3~0.5 cm，橙黄或橙红色，有条纹；菌褶直生，稀，淡黄色带红色色调；菌肉淡黄色，薄；菌柄长3~4.5 cm，粗0.1 cm，淡黄色；孢子无色，长椭圆形，8.5~11 μm × 3.5~4 μm。夏季于阔叶林中枯枝落叶层上单生或散生，能分解枯枝落叶。

分布于吉林等地。

淡粉小菇

Mycena adonis

子实体小型；菌盖直径1～2 cm，淡粉色，湿时稍粘，边缘色淡；菌肉薄，带淡粉色；菌柄长4～6 cm，粗0.1 cm，基部带白色绒毛；菌褶稀，带淡粉色；孢子无色，椭圆形，7.2～9.5 μm × 5～5.5 μm。初夏于阔叶林中腐殖层上单生或散生，能分解枯枝落叶。

分布于吉林等地。

褐小菇

Mycena alcalina

子实体小型；菌盖直径1～5 cm，钟形至近平展，中部凸，灰色至灰褐色；菌肉白色，薄；菌褶直生，灰白色，稍稀；菌柄长3～8 cm，粗0.5～0.8 cm，同盖色；孢子无色，椭圆形，7～10 μm × 4～6 μm。春秋季节于林中腐木上群生，对腐木有较弱分解力。

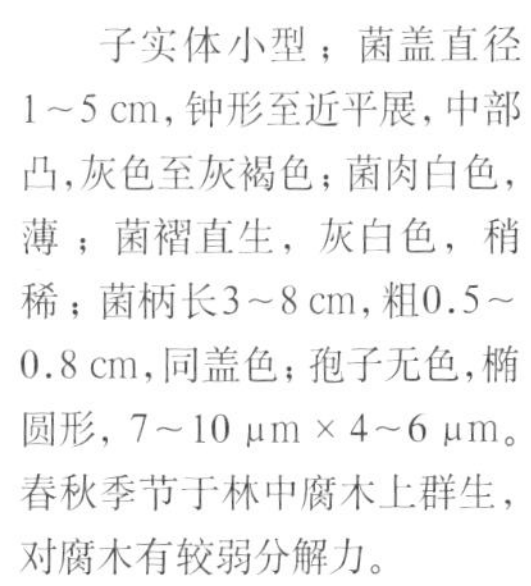

分布于吉林、河北、山西、安徽、浙江、江西、重庆、云南、西藏等地。

血红小菇

Mycena haematopus

别名：红汁小菇

子实体小型；菌盖直径1～3 cm，钟形至斗笠形，红褐色，有细条纹；菌肉浅褐色，薄；菌褶直生至延生，白色至粉红色；菌柄同盖色，中空，伤有血红色汁液流出；孢子无色，椭圆形，7.5～9.8 μm × 4.5～6.5 μm。夏秋季于林中阔叶树腐木或枯树桩上散生、群生或丛生。该种含吲哚类物质，可用于生长素的提取。据记载可食用。

分布于吉林、辽宁、河南、安徽、湖北、重庆、四川、云南等地。

盔盖小菇

Mycena galericulate

别名：盔小菇

子实体小型；菌盖直径2～5 cm，钟形至圆锥形或帽形，灰黄色至浅灰褐色，有辐射状条纹；菌肉白色或粉白色，薄；菌褶直生或稍延生，白色至肉色；菌柄长2～8 cm，粗0.2～0.5 cm，上部灰白色，中下部灰黑至褐色；孢子无色，椭圆形，8～11 μm × 5.5～7 μm。春秋季节于腐木或枯树桩上散生或群生。可食。

分布于吉林、河北、江苏、浙江、江西、重庆、四川、西藏等地。

白小菇

Mycena lactea

子实体小型；菌盖直径1～2 cm，钟形、圆锥形至近平展，粉白色，浅黄色，边缘具条纹；菌肉白色，薄；菌褶贴生，稍密，白色；菌柄白色，长2～5 cm，粗0.1～0.3 cm；孢子无色，长椭圆形，8～12 μm × 5～6 μm。夏秋季于林中枯枝上群生，对枯枝有较弱分解力。可食用。

分布于福建、重庆等地。

纤弱小菇

Mycena osmundicola

别名：紫萁小菇

子实体小型，纯白色，质脆；菌盖直径2～8 mm，幼时圆锥形至半球形，后平展，盖面有粉状颗粒和放射状条纹；菌肉白色，极薄；菌褶白色，近离生，不等长，稀疏；菌柄脆，纤维质，基部稍膨大，表面被微细毛；孢子椭圆形，6～8.5 μm × 3～4 μm。夏季散生或群生于蕨类植物根上。该种为天麻种子萌发共生菌，其菌丝可促进天麻种子的萌发。

分布于吉林、内蒙古、香港等地。

欧氏小菇
Mycena overholtzii

子实体小型；菌盖直径2.5～5 cm，扁半球形至近平展，灰褐色至深灰色，表面光滑，边缘具不明显条纹；菌肉灰白色，薄；菌褶直生至近离生，灰白色；菌柄长5～10 cm，粗1.5～5 mm，浅黄褐色，基部有白色绒毛；孢子无色，椭圆形，6～8 μm × 3.5～4 μm。春夏季于林中地上单生或群生。

分布于重庆等地。

洁小菇
Mycena pura

别名：粉紫小菇

子实体小型；菌盖直径2～4 cm，初期扁半球形，后平展，淡紫色、粉紫色，边缘色较淡，具条纹；菌肉淡紫色，薄；菌褶直生或弯生，粉紫色，较宽；菌柄同菌盖色，长2～5 cm，粗0.2～0.5 cm；孢子无色，椭圆形，7.5～9 μm × 3.5～5 μm。春夏之交于林中地上或腐木上群生或丛生。可食，味淡，利用价值不大。

分布于吉林、河北、山西、江苏、浙江、江西、湖南、重庆、云南、广西等地。

直立亚脐菇

Omphalina ericetorum

子实体小型；菌盖直径1～2 cm，扁半球形至平展，中部下凹呈脐状，蛋壳色至浅黄色，中部色较深，粘，具纵条纹；菌褶延生，白色，较稀；菌柄长2～5 cm，粗1～3 mm，同盖色，具黏液；孢子无色，椭圆形，5～8 μm × 4～5 μm。春夏之交于林中枯木上群生，对枯木有较弱分解力。

分布于重庆、四川等地。

小白脐菇

Omphalia gracillima

子实体小到中型；菌盖直径2～8 cm，白色，扁半球形至平展，中部下凹；菌肉白色，薄；菌褶延生，稀疏，白色；菌柄白色，中空，长3～10 cm，粗0.5～1 cm；孢子无色，柱形，4～8 μm × 2～3 μm。春夏之交于林中枯枝上群生。

分布于四川、重庆、云南、广东等地。

雷丸
Omphalia lapidescens

别名：竹苓、雷实

菌核呈蚕豆形、卵圆形等，直径0.5~3 cm，黄褐色至黑色，干后极硬，内部白色；子实体小型，但极难发现；菌盖直径1.5~4.0 cm，扁平状，中央脐凹，浅褐色；菌肉白，薄；菌褶延生，白色；菌柄白色，长1.5~5.0 cm，粗0.3~1.0 cm；孢子无色，球形，直径5~8 μm。全年可见于竹蔸或竹鞭间土壤内。菌核可作药用，具杀虫、消积、除热等功效。

分布于湖北、陕西、四川、贵州、云南、广西等地。

褐褶边奥德蘑
Oudemansiella brunneomarginata

子实体中等至较大；菌盖直径3~12 cm，中部稍凸，褐色；菌肉白色至污白色，较薄；菌褶直生，白色较稀，宽，不等长；菌柄长5~11 cm，粗0.5~1 cm，表面有黑褐色颗粒，内部空心；孢子无色，宽卵圆形或广椭圆形，14.5~22.5 μm×9.5~13.5 μm。秋季于阔叶树腐木上单生、散生或群生。可食用。

分布于黑龙江、吉林、内蒙古、山西、甘肃等地。

粘小奥德蘑
Oudemansiella mucida

别名：白粘蜜环菌、白香菇

子实体中到大型；菌盖直径4～11 cm，白色，极黏，初半球形，后平展；菌肉白色，薄；菌褶直生，宽，白色；菌柄白色，长4～7 cm，粗0.3～1 cm；菌环生柄中上部，白色；孢子无色，近球形，直径14.5～18.5 μm。春至秋季于林中阔叶树上散生或群生。可食，略有腥味。

分布于吉林、河北、陕西、重庆、云南等地。

东方小奥德蘑
Oudemansiella orientalis

子实体小到中型；菌盖直径3～8 cm，初期半球形，后近平展，顶部稍突，白色至淡黄白色，极黏，表面具放射状条纹；菌肉白色，薄；菌褶直生，白，稍稀；菌柄长4～6 cm，粗0.3～0.6 cm，白色至淡黄褐色；孢子无色，卵圆形，10～15 μm × 8～12 μm。春秋季节于阔叶树立木或枯木上群生或丛生。可食。

分布于重庆、云南等地。

宽褶小奥德蘑

Oudemansiella platyphylla

别名：宽褶菇

子实体中至大型；菌盖直径6～12 cm，初期扁半球形，后平展，灰白色至灰褐色，表面光滑；菌肉白色，较厚；菌褶弯生或离生，白色，宽；菌柄同盖色，长5～12 cm，粗1～2 cm，质脆；孢子无色，卵圆形至宽椭圆形，7.5～10.5 μm × 6.5～8.0 μm。春至秋季于林中腐木桩或埋木上单生或丛生。可食。

分布于黑龙江、吉林、河北、山西、陕西、四川、重庆、云南等地。

长根菇

Oudemansiella radicata

别名：长根小奥德蘑、露水鸡

子实体中到大型；菌盖直径3～15 cm，初期半球形，后平展，浅褐色至茶褐色；菌肉白色，薄；菌褶离生，白色，宽；菌柄上部白色，中下部同盖色，长5～20 cm，粗0.5～1.5 cm，质脆，基部稍膨大并具假根；孢子无色，椭圆形，10～18 μm × 8～16 μm。春至秋季于林中地下埋木上单生、散生或群生。可食 。

分布于吉林、河北、江苏、浙江、福建、江西、湖南、重庆、四川、云南等地。

鳞柄长根菇
Oudemansiella radicata var. *furfuracea*

别名：露水鸡、长根菇鳞柄变种

子实体中到大型；菌盖直径5～12 cm，扁半球形至平展，茶褐色至暗褐色；菌肉白色，薄；菌褶弯生，白，稀；菌柄长5～15 cm，粗0.5～2.5 cm，质脆，浅褐色，表面具褐色鳞片，基部有假根；孢子无色，椭圆形，15～20 μm × 12～14 μm。夏秋季于林中地下埋木上单生或散生。可食。

分布于江苏、湖北、重庆、云南、福建等地。

云南小奥德蘑
Oudemansiella yunnanensis

子实体中到小型；菌盖直径3～6 cm，扁半球形至扁平，白色至污白色，黏；边缘平滑或有短条纹；菌肉白色；菌褶直生至弯生，白色；菌柄长2～5 cm，粗0.3～0.7 cm，白色；孢子无色，近球形，24～38 μm × 23～33 μm。春季生于阔叶林中腐木上。可食，但味差，有腥味。

分布于重庆、云南等地。

鳞皮扇菇

Panellus stypticus

别名：止血香菇

子实体小型；菌盖直径1～3.5 cm，浅土黄色至黄褐色，扁圆形至肾形，表面开裂成鳞片状，边缘内卷；菌肉淡黄色，薄；菌褶肉桂色至黄色，密；菌柄短，长0.2～0.5 cm，粗0.2～0.3 cm，同菌盖色；孢子无色，近圆柱形，3～5.5 μm × 2～3 μm。春至秋季于阔叶树群生或覆瓦状叠生。有毒，不能食用；捣碎用于外伤止血。

分布于吉林、河北、山西、陕西、重庆、贵州、云南、广西等地。

侧壁泡头菌

Physalacria lateriparies

子实体小型，白色，头部中空，似灯泡，球形至半球形或近伞形，宽0.5～3 mm，高0.5～2.5 mm，直径2～3 mm；菌柄细，长10～20 mm，粗0.5～1 mm；孢子长椭圆形，4～7.5 μm × 2～2.5 μm。夏季于阔叶树腐木上丛生，为木材腐朽菌。

分布于吉林等地。

腓骨小菇
Rickenella fibula

别名：腓骨微皮伞、苔藓小菇

子实体小型；菌盖直径0.3～1.5 cm，扁半球形至平展，中央下凹，边缘内卷，橙色至橙黄色；菌褶长延生，白色，稀；菌柄纤细，长1～5 cm，粗0.1～0.15 cm，同盖色，中空；孢子无色，椭圆形至圆柱形，4～5 μm × 2～2.5 μm。春秋季节于林中或阴湿处苔藓间单生或散生。具特殊的孤性生殖现象，供科研、试验之用。

分布：江苏、浙江、江西、湖南、重庆、四川、云南、广西、广东等地。

白柄蚁巢伞
Termitomyces albiceps

别名：鸡肉菌、三坝菇

子实体中到大型；菌盖直径6～16 cm，初期圆锥形，后平展，中部有突尖，灰白色；菌肉白色，较厚；菌褶离生，白色；菌柄白色，纤维质，长6～20 cm，粗1.5～3 cm，基部稍膨大，有假根；孢子无色，卵形，6～9 μm × 4.5～6.0 μm。夏秋季于地下白蚁巢上单生或群生。可食，味道极其鲜美。

分布于重庆、贵州等地。

亮盖蚁巢伞
Termitomyces fulginosus

别名：鸡肉菌、三坝菇

子实体中到大型；菌盖直径3.5～12 cm，初期呈毛笔尖状，成熟后平展，微有光泽；菌肉纯白色，较厚；菌褶离生，白色；菌柄长5～15 cm，粗1.5～2.5 cm，基部有假根；孢子无色，卵圆形，5.5～8 μm × 3.5～5.5 μm。夏秋季于白蚁巢上单生或群生。可食，味道极其鲜美。

分布于重庆、四川、云南、福建等地。

小果蚁巢伞
Termitomyces microcarpus

别名：小鸡肉菌、小三坝菇

子实体小型；菌盖直径0.5～2.5 cm，初期近球形，后至平展，中部突，白色，中部色较深；菌肉白色，薄；菌褶凹生至近离生，白色；菌柄白色，长4～6 cm，粗0.1～0.3 cm，基部无假根；孢子无色，椭圆形至卵圆形，6.5～7.5 μm × 3.5～5.0 μm。夏秋季于地下白蚁巢上群生或丛生。可食，味道极其鲜美。

分布于重庆、四川、贵州、云南等地。

皂味口蘑

Tricholoma saponaceum

子实体小至中等大；菌盖直径3～12 cm，中部稍凸起，湿润时黏，边缘向内卷且平滑；菌肉白色，伤处变橘红色，稍厚；菌褶白色，弯生，中等密至较密；菌柄长5～12 cm，粗1.2～2.5 cm，白色，基部根状，内部松软；孢子无色，椭圆形至近卵圆形，5.6～8 μm × 3.8～5.3 μm。夏秋季在云杉等林中地上群生。可食用，但也有记载不宜食用。

分布于云南、新疆等地。

美丽拟口蘑

Tricholomopsis decora

别名：黄拟口蘑

子实体中等大；菌盖直径5～10 cm，扁半球形至平展，中部稍突，青黄色至橙黄色；菌肉浅黄色，薄；菌褶直生，密，浅黄色；菌柄长3～6 cm，粗0.3～0.8 cm，同盖色或稍淡；孢子椭圆形，5～7 μm × 4.5～5 μm。夏秋季于林中腐木上群生。该种可能有毒，谨慎采食。

分布于重庆等地。

赭红拟口蘑

Tricholomapsis rutilans

别名：赭红口蘑

子实体中至大型；菌盖直径4～15 cm，扁半球形至近平展，浅砖红色或紫红色，有绒毛状鳞片；菌肉黄白色；菌褶黄色，密，弯生或近直生；菌柄长6～11 cm，粗0.7～3 cm，上部黄色，下部具红褐色小鳞片；孢子黄色，近球形，直径4～6 μm。夏秋季于针叶树腐木或树桩上群生。该种有毒，不能采食。

分布于甘肃、陕西、重庆、四川、西藏等地。

钟形干脐菇

Xeromphalina campanella

别名：黄干脐菇

子实体小；菌盖直径0.8～2.0 cm，扁半球形至钟形，橙黄色，边缘具条纹；菌肉薄，黄色；菌褶黄白色后呈污黄色，延生；菌柄长1～3 cm，粗0.5～1 mm，褐色，近褶处黄色，基部有浅色毛；孢子无色，椭圆形，5.8～7.6 μm × 2～3.3 μm。夏秋季于林中腐木上群生。有记载可食用，但子实体小，无利用价值。

分布于吉林、山西、江苏、福建、台湾、广西、四川、云南等地。

中华干蘑
Xerula sinopudens

子实体小到中型；菌盖直径2～8 cm，初期圆锥形，后平展，中央稍凹，烟褐色至茶褐色，中央色较深；菌肉白色，薄；菌褶直生至近离生，白色，稍稀；菌柄黄褐色，长6～10 cm，粗0.5～1 cm；孢子椭圆形，12～17 μm × 8～10 μm。夏秋季于阔叶林中地下埋木上单生或群生。可食。

分布于重庆、云南等地。

鹅膏科
Amanitaceae

暗褐鹅膏
Amanita atrofusca

子实体中至大型；菌盖直径5～16 cm，扁半球至平展，灰褐色，中央色深，边缘有长棱纹；菌肉白色，较厚；菌褶离生，较密，初期白色，后渐灰；菌柄长8～20 cm，粗1～2.5 cm，污白色；菌托袋状，污白至灰褐色；孢子无色，球形至近球形，直径10～14 μm。初夏于针阔混交林中地上单生或散生。食毒未明，谨慎采食。

分布于甘肃、四川、重庆、云南等地。

橙黄鹅膏
Amanita citrina

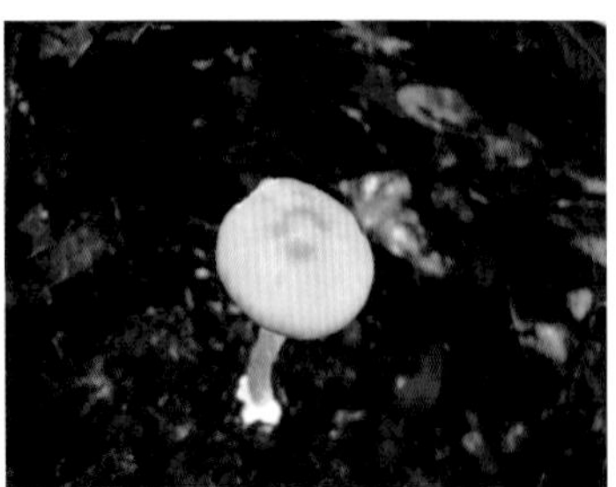

子实体中等大；菌盖直径5～7 cm，半球形至平展，浅黄色至黄色，中央稍深；菌肉白色，薄；菌褶离生，白色；菌柄长8～12 cm，粗0.8～2.0 cm，白色至米色，有浅褐色鳞片，基部膨大；菌环生菌柄上部，浅黄色至黄色；孢子近球形，无色，直径6～8 μm。夏秋季于阔叶林或针阔混交林中地上单生、散生。食毒未明，谨慎采食。

分布于重庆、四川、广东等地。

格纹鹅膏
Amanita fritillaria

子实体中至大型；菌盖直径5～12 cm，初期半球形，后至平展，灰至浅褐色，表面有黑褐色颗粒状鳞片；菌肉白色，稍厚；菌褶离生，白色；菌柄长5～12 cm，粗0.5～1.5 cm，白色至污白色，被浅褐色鳞片，基部膨大；菌环膜质，白色；孢子无色，椭圆形，7～10 μm × 5～8 μm。夏秋季于阔叶林或松阔混交林地上单生、散生或群生。可食，但含有微量毒素，谨慎采食。

分布于吉林、湖北、重庆、四川、贵州、云南等地。

灰褶鹅膏
Amantia griseofolia

子实体小到中型；菌盖直径3～8 cm，初期钟形至扁半球形，后平展，灰色至灰褐色，边缘具棱纹；菌肉白色，较薄；菌褶离生，初期白色，后渐至浅灰色；菌柄白色至污白色，长8～16 cm，粗0.5～1.5 cm；孢子无色，球形至近球形，10～15 μm × 8.5～13.0 μm。春夏之交于松阔混交林地上单生或散生。食毒特征不明，谨慎采食。

分布于吉林、北京、河南、湖南、重庆、云南、海南等地。

红黄鹅膏
Amanita hemibapha

子实体中到大型；菌盖直径6～18 cm，扁半球形至平展，中部红色至橘红色，边缘黄色并具棱纹；菌肉白色，中部较厚；菌褶离生，淡黄色至黄色；菌柄浅黄色至黄色，长8～20 cm，粗1～3 cm；菌环浅黄色至橙色；菌托袋状，白色；孢子无色，球形至宽椭圆形，7～9.5 μm × 6～8 μm。夏秋季于林中地上单生、散生或群生。可食，味美。

分布于东北、华北、西南、华南等地。

短棱鹅膏

Amanita imazekii

子实体中到大型；菌盖直径5～15 cm，半球形至平展，浅灰色至灰褐色，表面常被污白色菌幕残片，边缘有短棱纹；菌肉白色，较薄；菌褶离生，白色；菌柄白色，长8～20 cm，粗1～3 cm；菌托袋状，白色至污白色；孢子无色，近球形，直径9～12 μm。夏秋季于松阔混交林地上单生或散生。食毒特征不明，谨慎采食。

分布于重庆、四川、云南等地。

长棱鹅膏

Amanita longistriata

别名：长条棱鹅膏

子实体小到中型；菌盖直径3～8 cm，扁半球至平展，浅灰色至灰褐色，具长棱纹；菌肉白色，薄；菌褶离生，粉色至粉红色；菌柄长5～10 cm，粗0.8～1.5 cm，白色；菌环白色，膜质；菌托袋状；孢子无色，椭圆形，9～12 μm × 8～11 μm。夏秋季于林中地上单生或群生。食毒特征不明，谨慎采食。

分布于陕西、重庆、湖北、广东、海南等地。

毒蝇鹅膏
Amanita muscaria

别名：蛤蟆菌、捕蝇菌、毒蝇菌、毒蝇伞

子实体中等至大型；菌盖直径6～15 cm，红色，被白色点状鳞片；菌肉白色，稍厚；菌柄长7～15 cm，粗0.5～2.5 cm，白色，具明显鳞片；菌环生柄上部，膜质；菌褶纯白色，密，离生，不等长；孢子无色，卵圆形，9～13 μm × 6.5～9 μm。夏秋季于林中地上单生或散生。该种有剧毒，民间用其杀蝇，不能采食。

分布于黑龙江、吉林等地。

假灰鹅膏
Amanita pseudovaginata

子实体小到中型；菌盖直径3～6 cm，初期扁半球形，后至平展，浅灰色至灰色，表面有白色破布状物；菌肉白色，较薄；菌褶离生，白色；菌柄白色至污白色，长5～12 cm，粗0.5～1.5 cm；菌托袋状至杯状，白色；孢子无色，近球形至宽椭圆形，9～13 μm × 7.5～10.5 μm。夏秋季于松阔混交林中地上单生或散生。该种有毒，谨慎采食。

分布于河南、湖南、重庆、四川、云南、西藏等地。

红托鹅膏
Amanita rubrovolvata

子实体小到中型；菌盖直径2～6 cm，半球形至平展，红色至橘红色，表面被颗粒状物，边缘有条纹；菌肉白色，薄；菌褶离生，白色，较密；菌柄长5～8 cm，粗0.5～1 cm，基部膨大，具红色至橙色颗粒状物；菌环生柄上部，米黄色；孢子无色，椭圆形至球形，7～10 μm × 6.5～8.5 μm。夏秋季于针叶林或松阔混交林中地上单生或散生。该种有毒，谨慎采食。

分布于浙江、湖北、重庆、云南、西藏等地。

中华鹅膏
Amanita sinensis

子实体中到大型；菌盖直径5～15 cm，半球形至平展，灰白色至浅灰色，边缘有棱纹，中部具颗粒状鳞片；菌肉白色，较薄；菌褶离生，白色，较密；菌柄同盖色，长10～15 cm，粗1～3 cm；菌环生柄上部，易脱落；孢子无色，椭圆形或长椭圆形，8.0～13.5 μm × 8～9.5 μm。夏秋季于马尾松或松阔混交林中地上单生或散生。可食。

分布于湖南、重庆、四川、贵州、云南等地。

杵柄鹅膏

Amanita sinocitrina

子实体小到中型；菌盖直径4～8 cm，灰黄色至茶褐色，表面覆盖毡状或絮状菌幕残余；菌褶离生，白色；菌柄长5～10 cm，粗0.5～1.5 cm，白色，基部膨大；菌环生柄上部，膜质；孢子无色，近球形，6.0～7.5 μm × 5.5～7.0 μm。夏秋季于针阔混交林中地上单生或散生。食毒特征不明，谨慎采食。

分布于湖南、重庆、广东、海南等地。

球基鹅膏

Amanita subglobosa

子实体中等至较大；菌盖直径5～10 cm，近球形至平展，黄褐色，有白色鳞片，菌盖边缘有不明显条纹；菌肉白色，薄；菌褶离生，白色至米色；菌柄长5～20 cm，粗0.5～2.5 cm，带白色絮状鳞片，基部膨大；菌环白色；孢子无色，椭圆形，8.5～12 μm × 7～9.5 μm。夏秋季于松阔混交林中地上单生或散生。食毒特征不明，谨慎采食。

分布于吉林、河北、甘肃等地。

黄盖鹅膏
Amanita subjunquillea

子实体小到中型；菌盖直径3～8 cm，钟形、扁半球形至平展，黄褐色、污橙红色至芥黄色；菌肉白色，稍厚；菌褶离生，白色；菌柄黄色至浅黄色，基部近球形；菌环生柄上部，白色或浅黄色；孢子无色，球形至近球形，直径6～9 μm。夏秋季于林中地上单生、散生或群生。该种有剧毒，谨慎采食。

分布于吉林、河北、重庆、贵州、广东等地。

黄盖鹅膏白色变种
Amanita subjunquillea var. *alba*

别名：白鹅膏

子实体小到中型；菌盖直径3～10 cm，扁半球形至平展，白色，中央米黄色或浅黄色；菌肉白色，薄；菌褶离生，白色；菌柄长5～12 cm，粗0.3～1.2 cm，白色或浅黄色，被浅黄色鳞片；菌环生柄上部，浅黄色；孢子无色，球形或近球形，直径6～9 μm。夏秋季于针阔混交林地上散生或群生。该种有剧毒，谨慎采食。

分布于吉林、北京、湖北、重庆、四川、贵州、云南等地。

锥鳞白鹅膏
Amanita virgineoides

子实体中至大型；菌盖直径6～15 cm，初期近球状，后至平展，表面被角锥状菌幕残余，白色至污白色；菌肉白色，较厚；菌褶离生，白色至浅黄色；菌柄同盖色，长5～13 cm，粗1～2 cm，基部膨大；菌环生柄上部，白色；孢子无色，宽椭圆形至椭圆形，9～12 μm × 6.5～8.0 μm。夏秋季于阔叶林或松阔混交林中地上单生或散生。该种有毒，谨慎采食。

分布于安徽、湖南、重庆、贵州等地。

光柄菇科
Pluteaceae

狮黄光柄菇
Pluteus leoninus

子实体较小；菌盖直径3～6 cm，表面湿润，鲜黄或橙黄色；菌肉薄，白色带黄；菌褶密，稍宽，离生，不等长；菌柄长3～8 cm，粗0.4～1 cm，黄白色；孢子光滑，带浅黄色，近球形，5.5～7 μm × 4.5～6 μm。夏秋季于阔叶树腐木或木屑上群生或丛生。可食。

分布于黑龙江、吉林、辽宁、河南、四川、云南、西藏、香港等地。

帽盖光柄菇
Pluteus petasatus

子实体中等至较大；菌盖直径5～18 cm，表面乳白色，中部带褐色或有鳞片；菌肉白色，较厚；菌褶初期污白至粉色，密，离生；菌柄长6～15 cm，粗1～3 cm，污白色，内部松软而白色；孢子光滑，浅褐黄色，近球形，5.4～8.4 μm × 4.3～5.4 μm。夏末至秋季于林中地上或腐朽木上群生或丛生。可食用。

分布于吉林、河北等地。

银丝草菇
Volvariella bombycina

别名：银丝菇

子实体中等至较大；菌盖直径4～15 cm或更大，具柔黄色银丝状柔毛；菌肉白色，较薄；菌褶初期白色后变粉红色，密，离生，不等长；菌柄长5～12 cm，粗0.5～1.2 cm，白色；菌托大而厚，呈苞状；孢子近无色，宽椭圆形，7～10 μm × 4.5～5.7 μm。夏秋季于阔叶树腐木上单生或群生。可食用，但味道一般。

分布于吉林、云南、新疆、西藏、广东、广西、四川等地。

蘑菇科 Agaricaceae

大紫蘑菇 *Agaricus augustus*

子实体中到大型；菌盖直径6～15 cm，初期近球形，后扁半球形至平展，黄褐色，表面具紫褐色鳞片；菌肉白色，厚；菌褶离生，粉红色至紫黑色；菌柄长8～12 cm，粗1.5～3 cm，白色带红褐色；菌环污白色；孢子黄褐色，椭圆形至近球形，7～9 μm × 5～7 μm。秋季于林中或草原地上散生或群生。可食，味道鲜美。

分布于新疆、青海、西藏等地。

雷蘑 *Agaricus campestris*

别名：蘑菇、四孢蘑菇

子实体中到大型；菌盖直径5～12 cm，初期扁半球形，后平展，白色，光滑；菌肉白色，厚；菌褶离生，初期粉红色，后褐色至黑褐色；菌柄长2～8 cm，粗1～2.5 cm，白色；菌环生柄中上部，膜质，白色；孢子褐色，椭圆形，7～12 μm × 5～7 μm。春至秋季于草地、田野等单生或群生。可食，味美。

分布于我国北方地区。

白林地蘑菇
Agaricus silvicola

别名：林生伞菌

子实体中到大型；菌盖直径5～12 cm，扁半球形至平展，白色或淡黄色；菌肉白色，稍厚；菌褶离生，白色、粉红色至黑褐色；菌柄长6～15 cm，粗0.5～1.5 cm，白色，伤变黄色；菌环膜质，白色；孢子褐色，椭圆形，5～8 μm × 3～5 μm。夏秋季于林中地上单生或群生。可食。

分布于全国各地。

林地蘑菇
Agaricus silvaticus

别名：林地伞菌

子实体中到大型；菌盖直径5～15 cm，扁半球形至平展，近白色，表面密被褐色或红褐色鳞片；菌肉白色，稍厚；菌褶离生，初期白色，后粉红色至黑褐色；菌柄白色，长5～12 cm，粗1～1.5 cm；菌环生柄上部，白色；孢子暗褐色，椭圆形，5～7 μm × 3～5 μm。夏秋季于林中地上单生或群生。可食。

分布于全国各地。

皱盖囊皮伞

Cystoderma amianthinum

别名：皱皮蜜环菌

子实体小型；菌盖直径2～5 cm，密被颗粒状鳞片和放射皱纹，边缘有菌幕残片；菌肉白色；菌褶白色带淡黄色，密，直生，不等长；菌柄长2～6 cm，粗0.2～0.6 cm，同盖色稍深；孢子无色或带淡黄色，椭圆至卵圆形，光滑，6.2～8.3 μm × 3.5～4.1 μm。夏秋季于针叶林中地上单生或散生。可食用。

分布于吉林、辽宁、云南、河南、山西、甘肃、西藏等地。

尖鳞环柄菇

Lepiota aspera

别名：锐鳞环柄菇

子实体小到中型；菌盖直径4～10 cm，半球形至平展，浅黄褐色至淡褐红色，被颗粒状尖鳞片；菌肉白，稍厚；菌褶离生，白色；菌柄长5～12 cm，粗0.5～1.8 cm，同菌盖色或稍浅；菌环膜质，白色；孢子无色，椭圆形，6～9 μm × 3～5 μm。春至秋季于林中地上单生或散生。据记载可食。

分布于黑龙江、吉林、安徽、江苏、江西、湖北、重庆、四川、云南等地。

冠盖环柄菇
Lepiota cristata

子实体小型；菌盖直径2～3 cm，白色，具似环状红褐色鳞片；菌肉白色，薄；菌褶离生，白色；菌柄长3～5 cm，粗0.2～0.5 cm，白色，被红褐色鳞片；菌环生柄上部，易脱落；孢子无色，近卵形至长椭圆形，5～9 μm × 3～5 μm。夏秋季于林间腐叶层上散生或群生。该种有毒，谨慎采食。

分布于河北、山西、江苏、重庆、云南、香港等地。

小白鳞环柄菇
Lepiota pseudogranulosa

子实体小型；菌盖直径1～5 cm，近球形至扁半球形，白色，被淡褐色棉被状物；菌肉白色，薄；菌褶离生，初白色，后带褐色；菌柄长2～6 cm，粗0.5～1 cm，被白色至浅褐色粉状物；菌环白色，易脱落；孢子椭圆形，4～6 μm × 2～4 μm。夏秋季于林中地上单生或散生。该种有毒，谨慎采食。

分布于福建、重庆等地。

红色白环蘑
Leucoagaricus rubrotinctus

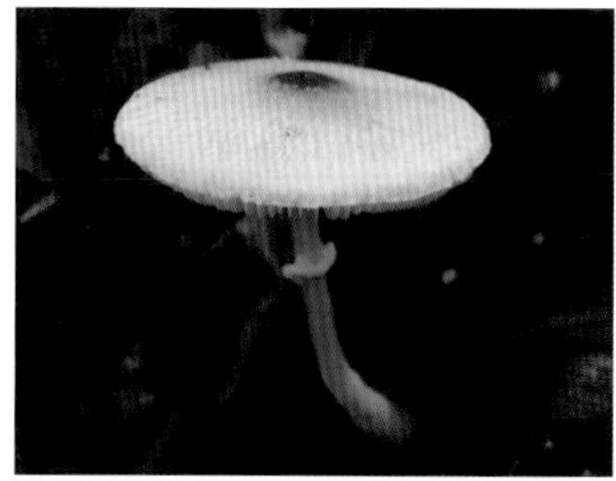

别名：染红白环蘑

子实体中等大；半球形至平展，中部有丘状突起，表面密被暗红色纤维状鳞片，中部色较深；菌肉白色，薄；菌褶离生，白；菌柄长5~10 cm，粗0.5~1.5 cm，白色；菌环膜质，白色，易脱落；孢子卵形，6~7.5 μm × 4~5 μm。夏秋季于林中地上散生或群生。该种有毒，谨慎采食。

分布于重庆、福建、台湾等地。

黑鳞白鬼伞
Leucocoprinus brebissonii

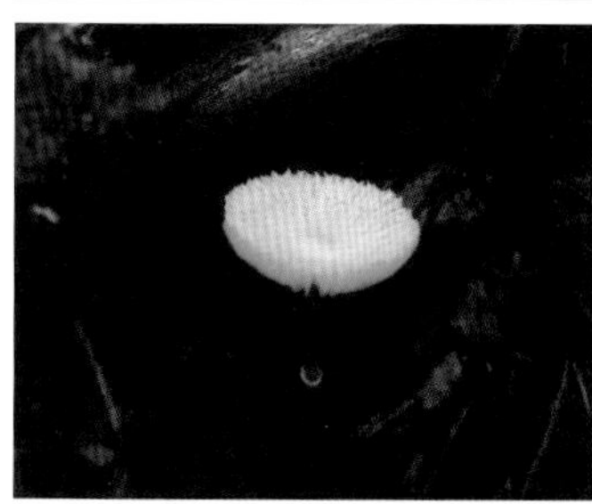

子实体小型；菌盖直径2~4 cm，白色，扁半球至平展，被不明显的黑色细鳞片，边缘具条纹；菌肉薄，白色；菌褶离生，白色；菌柄细长，基部膨大，菌环生中位，膜质；孢子卵形至球形，直径7~10 μm。夏秋季于林中腐殖土上单生或散生。该种有毒，谨慎采食。

分布于福建、湖南、重庆等地。

长柄大环柄菇

Macrolepiota dolichaula

子实体中到大型；菌盖直径6～15 cm，球形、半球形至平展，表面呈棉被状，白色，被浅褐色易脱落鳞片；菌肉白色，稍厚；菌褶离生，白色；菌柄长10～22 cm，粗0.8～1.5 cm；菌环膜质，白色；孢子无色，椭圆形，12～16 μm × 8～10 μm。夏秋季于林中或草地单生或群生。可食。

分布于重庆、云南等地。

高大环柄菇

Macrolepiota procera

别名：大环菇柄、棉花菇。

菌盖直径8～15 cm，初为椭圆形，后呈吊钟形，最终几乎扁平，顶部中心有乳头状突起；菌肉厚，柔软，有弹性，白色；菌褶离生，白色或淡桃红色，宽密；菌柄长15～35 cm，粗1.5～2 cm，基部球根状；孢子12～16 μm × 8～12 μm，无色，卵形至椭圆形。夏秋季于林中地上单生或群生。可食用，含丰富的蛋白质、氨基酸、维生素及矿物质。

分布于全国各地。

粗鳞大环柄菇
Macrolepiota rhacodes

子实体中到大型；菌盖直径6～18 cm，初期球形，后扁半球形至平展，表面初期锈褐色，后开裂成鳞片状；菌肉白色，中部厚；菌褶离生，白色；菌柄长8～25 cm，粗0.8～2.5 cm，基部稍膨大；菌环白色至淡褐色；孢子无色，椭圆形，8～14 μm × 6～9 μm。夏秋季于林中地上单生或群生。可食。

分布于吉林、河北、山西、江苏、浙江、江西、湖南、重庆、四川、云南、广东等地。

半卵形斑褶菇
Panaeolus separalua

子实体中等大；菌盖直径4～8 cm，圆锥形、钟形至半球形，浅土黄色，光滑而黏；菌肉污白色；菌褶直生，初期灰白，后期呈现灰黑相间的花斑；菌柄长10～25 cm，粗0.4～1.2 cm，同菌盖色；菌环生柄中、上部；孢子褐色，椭圆形，17～22 μm × 9～12 μm。春至秋季于草地、林下牲畜粪便上单生或群生。该种有毒，中毒后产生幻觉。

分布于新疆、陕西、重庆、四川、云南等地。

鬼伞科
Coprinaceae

墨汁鬼伞

Coprinus atramentarius

子实体小到中型；菌盖直径2～6 cm，卵形至钟形，灰白色至灰褐色，具明显纵条纹；菌肉白色至灰白色，薄，液化成墨汁状；菌褶离生，密；菌柄污白色，长5～12 cm，粗1～2.5 cm；菌环膜质，生柄上部；孢子黑褐色，椭圆形，6～9 μm × 5～6 μm。春秋季节于林中地上或树桩周围群生。可食，但与酒同食会产生中毒反应。

分布于全国各地。

毛头鬼伞

Coprinus comatus

别名：鸡腿菇

子实体中到大型；菌盖直径未开伞前3～5 cm，高5～10 cm，圆柱形，表面被浅褐色或褐色鳞片，开伞后菌盖直径可达20 cm；菌肉白色；菌褶早期白色，成熟后变黑且溶解成墨汁状液体；菌柄长6～18 cm，粗1～2.5 cm；孢子椭圆形，黑色，11～15 μm × 6～8.5 μm。春至秋季雨后于田野、庭院空地等群生。可食，但勿与酒类同吃，现有大规模栽培。

分布于黑龙江、吉林、山西、青海、云南等地。

白鬼伞
Coprinus disseminatus

子实体小型；菌盖直径0.5~1.5 cm，卵形、钟形至近平展，初白色，后渐变灰褐色或黑褐色；菌肉薄，白色，后变灰褐色；菌褶离生，密，初白色，后变灰褐色至黑色；菌柄白色，长1~3 cm，粗0.1~0.2 cm；孢子黑褐色，椭圆形，6~8 μm × 4~5 μm。春至秋季于林中腐木或树桩上群生或丛生，为木材分解菌。据记载可食用。

分布于全国各地。

费赖斯鬼伞
Coprinus friesii

子实体小型；菌盖直径0.5~2 cm，卵圆形、钟形至平展，白色，表面被细绒毛，边缘有细条纹；菌肉白色，薄；菌褶离生，初期白色，后变褐；菌柄白色，并有鳞片，长1~2 cm，粗0.1~0.2 cm；孢子淡褐色，椭圆形，6.5~10 μm × 5.5~8.5 μm。春至秋季于秸秆上单生或群生，对农作物秸秆有分解作用。

分布于重庆、福建等地。

晶粒鬼伞

Coprinus micaceus

子实体小到中型；菌盖直径3~6 cm，卵形或钟形至平展，棕黄色至黄褐色，表面被颗粒状鳞片，边缘有条纹；菌肉白色，薄；菌褶凹生，初期白，成熟后黑色；菌柄白色，长2~8 cm，粗0.3~0.6 cm；孢子褐色，椭圆形，7~11 μm × 4~7 μm。春至秋季于阔叶树树桩基部或树桩周围群生或丛生。可食，但食时饮酒易中毒，应谨慎采食。

分布于全国各地。

辐毛鬼伞

Coprinus radians

子实体小型；菌盖直径2.5~4 cm，卵形、钟形至圆锥形，幼时黄褐色，后期浅黄白色，边缘有沟纹，表面被细小晶粒；菌肉白色，薄；菌褶离生，初期白，后变暗黑色；菌柄长2~6 cm，粗0.3~0.6 cm，白色；孢子黑褐色，卵圆形，6~10 μm × 3~5 μm。春至秋季于阔叶树树桩上群生或丛生。幼时可食，但勿与酒同食。

分布于重庆、福建、广东、海南等地。

橙红垂幕菇
Hypholoma cinnabarinum

子实体中等大；菌盖直径3~8 cm，扁半球形至近平展，表面被橙黄色鳞片；菌肉白黄色，较薄；菌褶褐色至黑褐色，近离生；菌柄长4~8 cm，粗0.3~1.0 cm，同盖色；孢子带褐色至暗褐色，椭圆形或近椭圆形，5~8 μm × 3~5 μm。夏秋季于林中地上单生。该种有毒。

分布于江苏、福建、重庆、云南等地。

黄盖小脆柄菇
Psathyrella candolleana

子实体小到中型；菌盖直径3~8 cm，初期钟形、半球形，后平展，淡黄色至黄褐色，表面被块状白色鳞片；菌肉白色，薄；菌褶直生到离生，浅褐色至深褐色；菌柄长5~10 cm，粗0.3~0.8 cm，白色，脆；孢子暗褐色，椭圆形，5~8 μm × 3~5 μm。夏秋季于林中地上单生、群生或丛生。可食。

分布于河北、江苏、浙江、江西、湖南、重庆、四川、云南等地。

喜湿小脆柄菇
Psathyrella hydrophila

子实体小至中型；菌盖直径2~6 cm，半球形、扁半球形至平展，浅褐色至褐色，边缘色较浅；菌肉浅褐色，薄；菌褶直生到离生，褐色；菌柄近白色，长3~8 cm，粗0.5~0.8 cm，质脆；孢子淡褐色，椭圆形，5~8 μm × 4~5 μm。春秋季节于林中腐木上群生或丛生。幼时可食。

分布于吉林、山西、安徽、湖北、重庆、四川、云南等地。

粪锈伞科
Bolbitiaceae

湿粘田头菇
Agrocybe erebia

子实体小；菌盖直径1.5~5 cm，扁半球形至平展，光滑，湿润时黏；菌肉污白或带浅褐色，稍厚；菌褶污白至锈褐色，直生至稍有延生，较密；菌柄长3~6 cm，粗0.3~1 cm，下部稍粗；孢子光滑，褐色，长椭圆形，10.5~15 μm × 6~7 μm。春至秋季于林中地上群生或近丛生。可食。

分布于河北、辽宁、陕西、吉林等地。

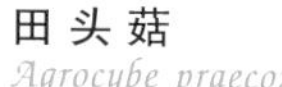

田头菇

Agrocybe praecox

子实体小到中型；菌盖直径3～10 cm，扁半球形至平展，白色至浅黄色，边缘常有絮状物；菌肉白色至浅黄色，较厚；菌褶直生，锈褐色；菌柄同盖色，长4～10 cm，粗0.3～0.8 cm；菌环生柄上部，白色至淡黄褐色；孢子锈色，椭圆形，10～15 μm × 6～8 μm。春至秋季于林中地上、路边散生、群生或近丛生。可食。

分布于新疆、陕西、四川、重庆、山西等地。

粪锈伞

Bolbitius vitellinus

别名：粪伞、狗尿苔(北京)

子实体一般较小；菌盖近钟形至平展，表面黏，光滑，有皱纹，向边缘渐变米黄色，直径2～4.5 cm；菌肉很薄；菌褶近弯生，密或稍稀，窄；菌柄长5～10 cm，粗0.2～0.3 cm，质脆，有透明感；孢子锈黄色，光滑，椭圆形，11～12 μm × 6～8.5 μm。春至秋季在牲畜粪上或肥沃地上单生或群生。该种怀疑有毒，不可食。

分布于黑龙江、吉林、辽宁、江苏、湖南、福建、广东、新疆等地。

球盖菇科
Strophariaceae

库恩菇

Kuehneromyces mutabilis

别名：毛腿环锈伞

子实体小型；菌盖直径2～5 cm，扁半球形至平展，中部常突起，黄褐色，边缘有条纹；菌肉白色，薄；菌褶直生，密，薄，黄褐色；菌柄长3～7 cm，粗0.3～0.5 cm，同盖色；菌环生柄上部，膜质；孢子淡褐色，卵状，6.5～7.5 μm × 4～4.5 μm。夏秋季于阔叶树腐木上群生。可食用。

分布于黑龙江、吉林、青海等地。

春生库恩菇

Kuehneromyces vernalis

子实体较小；菌盖直径1～3 cm，扁半球形至平展，淡红褐色，湿时黏，边缘有条纹；菌肉薄；菌褶直生，密，淡色至锈色；菌柄长3～7 cm，粗0.3～0.5 cm，同盖色；孢子淡褐色，平滑，椭圆形，6.5～7 μm × 3.7～4 μm。春秋季节于阔叶树倒木或伐桩上丛生。可食。

分布于吉林、辽宁等地。

橙黄褐韧黑伞

Naematoloma capnoides

子实体小到中型；菌盖直径2～6 cm，半球形至扁半球形，中央突，橙黄色至黄褐色；菌肉浅黄色，较薄；菌褶直生，密，灰褐色至淡紫褐色；菌柄黄白色至褐黄色，长2~6 cm，粗0.3~1 cm；孢子灰褐色，椭圆形，6～8 μm × 4～6 μm。春秋季节于枯木或枯树桩上群生或丛生。该种食毒特征未明，谨慎采食。

分布于重庆、四川、新疆等地。

丛生韧黑伞

Naematoloma fasciculare

别名：簇生黄韧伞、毒韧黑伞、包谷菌

子实体小型；菌盖直径1～5 cm，初期半球形，后平展，浅黄色或柠檬黄色；菌肉淡黄色，薄；菌褶直生，青黄色，密；菌柄淡黄色，长2～8 cm，粗0.3～0.8 cm；孢子褐色，椭圆形至卵形，3～9 μm × 3～5 μm。秋冬之交于林中阔叶树枯木或木桩上丛生。该种有毒，谨慎采食。

分布于黑龙江、吉林、河北、安徽、江苏、重庆、四川、云南、广西、广东等地。

韧黑伞

Naematoloma sublateritium

子实体中等大；菌盖直径3～10 cm，扁半球形至平展，浅黄色至深肉桂色；菌肉白色至浅黄色，稍厚；菌褶直生，烟色至栗色，较密；菌柄黄色至黄褐色，长5～11 cm，粗0.5～1.2 cm；孢子锈色，椭圆形，6.0～7.5 μm × 3.5～4.5 μm。秋冬之交于桦木木桩上群生或丛生。可食。

分布于山西、江西、重庆等地。

黄伞

Pholiota adiposa

子实体中到大型；菌盖直径3.5～12 cm，扁半球形至平展，污黄色至黄褐色，表面被褐色平伏鳞片；菌肉较厚，白色至淡黄色；菌褶直生或弯生，黄色至锈褐色；菌柄同菌盖色，长5～18 cm，粗0.5～2.5 cm；菌环生柄上部，膜质；孢子锈褐色，椭圆形，7.0～9.5 μm × 5～6.5 μm。春和秋季于林中阔叶树腐木上单生或丛生。可食，味美，现已人工栽培。

分布于黑龙江、吉林、河北、陕西、四川、重庆、云南等地。

金毛鳞伞
Pholiota aurivella

子实体中等大小；菌盖直径4～12 cm，半球形至扁半球形，表面黄色，被三角形鳞片；菌肉浅黄色，稍厚；菌褶直生至凹生，密，黄白色至黄褐色；菌柄长5～15 cm，粗0.5～1.5 cm，黄色至锈褐色；孢子光滑，椭圆形，7～9.5 μm × 4.5～6 μm。秋季于林中腐木上丛生。可食用。

分布于黑龙江、吉林、辽宁等地。

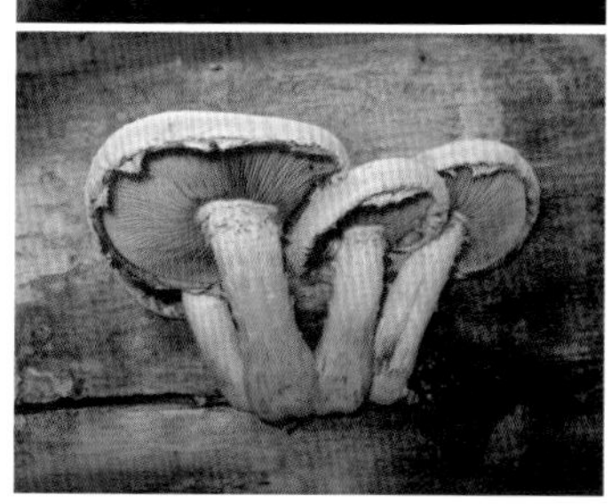

白鳞伞
Pholiota destruens

别名：白鳞环锈伞、白鳞环伞

子实体中等；菌盖直径5～10 cm，扁半球形至平展，肉桂色，有白色鳞片；菌肉白色，厚；菌褶密，白色至褐色；菌柄长3～9 cm，粗1～2 cm，有白色鳞片，基部膨大；孢子椭圆形，锈色，7.5～10 μm × 4.5～6 μm。夏秋季于阔叶树树干上单生或丛生。可食用，但味道一般。

分布于黑龙江、吉林、河北、新疆等地。

黄鳞伞

Pholiota flammans

别名：黄鳞环锈伞

子实体小至中等；菌盖直径2～7 cm，扁半球形至平展，表面干燥，亮黄色或橙黄色，具黄色毛状鳞片；菌肉稍厚，黄色；菌褶密，直生，初期黄色，后变锈色；菌柄长5～13 cm，粗0.4～0.8 cm，同盖色；孢子黄褐色，光滑，椭圆形，3～5.5 μm × 2.5～3 μm。夏末至秋季在针叶树树桩基部、腐木上成丛生长。该种有毒，谨慎采食。

分布于吉林、辽宁、西藏等地。

粘盖鳞伞

Pholiota lubrica

别名：粘皮鳞伞、粘皮伞

子实体中等或较小；菌盖直径3～7 cm，扁半球形至平展，表面黏，中部红褐色；菌肉污白色，中部厚；菌褶直生至弯生，密，不等长；菌柄长2～8 cm，粗0.3～0.8 cm，基部膨大，内实；孢子光滑，淡黄褐色，椭圆形，6.3～7 μm × 3～4 μm。秋季在针阔混交林地上群生。可食用。

分布于吉林、青海、西藏等地。

翘鳞伞
Pholiota squarrosa

别名：翘鳞环锈伞

子实体中等大；菌盖直径3~8 cm，扁半球形至平展，土黄色或黄褐色，具反卷鳞片，表面干燥；菌肉淡黄色，稍厚；菌褶直生，密，浅黄色；菌柄长4~10 cm，粗0.5~1.0 cm，靠近基部渐细；孢子光滑，近锈色，椭圆形，6~8 μm × 4.5~6 μm。夏秋季在针叶树或阔叶树枯木上丛生。可食用，但有记载有毒。

分布于吉林、河北、甘肃、青海、新疆、四川、云南、西藏等地。

尖鳞伞
Pholiota squarrosoides

别名：锐鳞环柄菇、刺儿蘑

子实体中至大型；菌盖直径3~12 cm，扁半球形至平展，表面干燥，黄褐色或土褐色带粉红色，鳞片角锥状；菌肉白色带乳黄色；菌褶直生，稍密；菌柄同盖色，长3~12 cm，粗0.8~1.5 cm；菌环淡黄色，生柄上部；孢子无色，光滑，椭圆形，7.3~8.1 μm × 2.3~3 μm。夏秋季于阔叶树腐木上丛生。可食用。

分布于黑龙江、吉林、安徽、云南、西藏等地。

丝膜菌科 Cortinariaceae

紫丝膜菌 *Cortinarius purpurascens*

子实体中到大型；菌盖直径4～15 cm，初期半球形或扁半球形，后平展，表面光滑，黏，紫红色、紫褐色或橄榄褐色，边缘色较淡；菌肉淡紫色，较厚；菌褶弯生，堇紫色、土黄色至锈褐色；菌柄淡紫色，初期于菌盖间有丝膜状物，后脱落，柄长5～8 cm，粗1～2 cm，基部膨大；孢子锈色，椭圆形，9.5～11 μm × 6～7.5 μm。秋季于混交林中地上散生或群生，为云杉、杜鹃等树外生菌根菌。可食，味道较好。

分布于吉林、青海、四川、重庆、湖南等地。

紫绒丝膜菌 *Cortinarius violaceus*

子实体中到大型；菌盖直径5～12 cm，半球形至近平展，深堇紫色，具绒毛和小鳞片；菌肉同盖色，稍厚；菌褶弯生，堇紫色带锈褐色；菌柄长5～15 cm，粗1～2 cm，同盖色；孢子椭圆形，9～12 μm × 7～8 μm。秋季于混交林中地上单生或散生，为外生菌根菌。可食。

分布于东北、西北和西南地区。

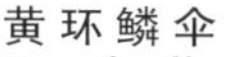

黄环鳞伞
Descolea flavoannulata

别名：黄环裸鳞伞

子实体中至大型；菌盖直径5～13 cm，半球形至近平展，中部圆形突出，土黄色至黄褐色，具细毛状鳞片；菌肉污黄色；菌褶灰褐色，较疏；菌柄长6～10 cm，粗1～2 cm，由上而下变粗；菌环生柄上部，黄色，膜质；孢子淡黄褐色，柠檬形，10～14 μm × 7～8 μm。夏秋季于蒙古栎等阔叶林内地上群生，为外生菌根菌。可食用。

分布于辽宁、内蒙古等地。

秋盔孢菇
Galerina autumnalis

子实体小型；菌盖直径2.5～6.5 cm，初半球形，后平展，鲜黄色至暗褐色，表面光滑；菌肉浅黄色，薄；菌褶直生，淡黄色，稍宽；菌柄长2.5～10 cm，粗0.3～1 cm，黄白色，基部黑褐色；孢子椭圆形，8.5～10.5 μm × 5～6.5 μm。春秋季节于针叶树腐木上群生或近丛生。该种极毒，不可采食。

分布于重庆、四川、贵州、甘肃、新疆等地。

苔藓盔孢菇
Galerina hypnorum

子实体小型；菌盖直径0.5~3 cm，圆锥形、钟形至斗笠形，边缘常外卷，并具明显条纹，橙黄色至浅黄褐色；菌肉浅黄色，薄；菌褶近离生，同盖色；菌柄长2~5 cm，粗0.1~0.3 cm，上部同盖色，基部色深；孢子褐色，椭圆形，6~8 μm × 4~5 μm。春夏之交于苔藓丛中单生或散生。该种有毒，谨慎采食。

分布于重庆、台湾等地。

铜绿裸伞
Gymnopilus aeruginosus

别名：绿褐裸伞

子实体中等大；菌盖直径3~8 cm，扁半球形至近平展，紫褐色、绿褐色至红褐色，后期色淡，表面被纤毛状鳞片；菌肉淡黄色，稍厚；菌褶黄绿色至锈褐色，凹生；菌柄褐色至紫褐色，长2~5 cm，粗0.5~1 cm；菌环膜质，易脱落；孢子锈褐色，椭圆形，6~8 μm × 4~5 μm。春至秋季于马尾松枯木上单生、群生或丛生。该种有毒，谨慎采食。

分布于吉林、河南、湖北、重庆、四川、广西等地。

桔黄裸伞

Gymnopilus spectabilis

别名：大笑菇

子实体中等大；菌盖直径3～8 cm，初期扁半球形，后平展，橙黄色至橘黄色，表面中部被细鳞片；菌肉淡黄色，较薄；菌褶凹生，黄色至锈褐色；菌柄淡黄色，表面具鳞片，长3～9 cm，粗0.3～1 cm；孢子锈色，椭圆形，5～8 μm × 4～6 μm。夏秋季于阔叶树立木或枯木上群生或丛生。该种有毒，具神经致幻毒素。

分布于黑龙江、吉林、河北、山西、浙江、湖北、重庆、云南、广西等地。

裂丝盖伞

Inocybe rimosa

子实体小到中型；菌盖直径2～8 cm，圆锥形至钟形或斗笠形，淡黄色至黄褐色，中部色较深，被丝状或纤毛状条纹，边缘常开裂；菌肉白色至肉色，薄；菌褶近离生，白色至褐黄色；菌柄长3～9 cm，粗0.3～1 cm，白色或淡黄色；孢子椭圆形，9.5～14.5 μm × 6～8.5 μm。春夏之交于林中地上单生或散生。该种为毒菌，谨慎采食。

分布于吉林、河北、江苏、安徽、重庆、云南等地。

茶褐丝盖伞
Inocybe umbrinella

别名：茶色毛锈伞

子实体小型；菌盖直径2～5 cm，初圆锥形、斗笠形，后平展，中部稍突，茶褐色至浅红褐色，表面有纤毛和放射状条纹；菌肉白至浅黄褐色，薄；菌褶弯生，浅黄褐色；菌柄淡褐色，表面有纤毛，长4～6 cm，粗0.3～0.8 cm；孢子淡褐色，椭圆形，7～12 μm × 5～6 μm。夏秋季于林中地上散生或群生。该种有毒，谨慎采食。

分布于吉林、河北、山西、重庆、四川、云南等地。

球根白丝膜菌
Leucocortinarius bulbiger

别名：球根蘑

子实体中等大；菌盖直径6～9 cm，顶部稍突起，光滑，淡赭色，边缘往往有丝状菌幕残片；菌肉白色，较厚；菌褶近白色，较密，不等长；菌柄长5.5～12 cm，粗0.7～1 cm，污白色或带浅黄褐色，基部明显膨大呈球形或块茎状；孢子卵圆形，6.4～10 μm × 4.6～6 μm。秋季在针叶林地上单生或散生。可食用，干品具香气。

分布于吉林、黑龙江、甘肃等地。

平盖锈耳

Crepidotus applanatus

子实体小型；菌盖直径1～4 cm，贝壳形至扁平形，白色带土黄色、黄褐色；菌肉污白色，薄；菌褶从基部放射状生出，白色至褐色；无菌柄，基部覆盖有毛状物；孢子褐色，有小疣，近球形，直径4～5.5 μm。春秋季节于枯木上群生，对木材有较弱分解力。可食用。

分布于全国各地。

褐毛锈耳

Crepidotus badiofloccosus

别名：基绒靴耳

子实体小型；菌盖肾形至半球形，长2.5～5 cm，宽1～3 cm，边缘内卷，表面密被褐色绒毛；菌肉白色，薄；菌褶宽，黄白色至褐色；无菌柄或有假柄；孢子淡锈色，有小刺，近球形，直径5～8 μm。春秋季节于阔叶树枯木上散生或群生，对木材有较弱分解力。

分布于吉林、福建、重庆等地。

铬黄靴耳

Crepidotus crocophyllus

子实体小；菌盖扇形，密布深褐色毡毛状鳞片，边缘稍内卷；菌肉白色，薄；菌褶密，深黄色；无柄；孢子淡锈色，粗糙，近球形，直径4.5～8 μm。春秋季节生于阔叶树腐木上，为木材腐朽菌。

分布于吉林等地。

粘锈耳

Crepidotus mollis

别名：软锈耳、软靴耳

子实体小型；菌盖直径1～4.5 cm，扇形、半圆形至长贝形，白色至污白色，后期变浅褐色，基部有白毛，黏；菌肉近白色，薄；菌褶从基部辐射状生，白色至浅褐色；孢子淡褐色，卵形至椭圆形，5～9 μm × 4～6 μm。夏秋季于阔叶树枯木上群生。可食。

分布于河北、河南、江苏、浙江、重庆、云南、广东等地。

多变锈耳
Crepidotus variabilis

子实体小型；菌盖广半圆形至近圆形，宽1～3 cm，白色、污白色或带褐色，黏；菌肉白色，薄；菌褶从基部放射状生出，污白色至浅褐色，密；无菌柄；孢子锈褐色，椭圆形至卵形，7～11 μm × 5～7 μm。春至秋季于林中枯木上散生或群生，对枯木有较弱分解力。食毒特性未明。

分布于重庆、贵州等地。

粉褶菌科
Entolomataceae

糙鳞粉褶菌
Entoloma asprellum

子实体小型；菌盖直径1～4 cm，初圆锥形，后至平展，中部稍下凹，灰褐色至浅黄褐色，表面被暗褐色细鳞片；菌肉粉红色，薄；菌褶直生，粉红色，较稀；菌柄灰白色，基部有白色绒毛，长3～6 cm，粗0.3～0.5 cm；孢子近无色，椭圆形或圆柱形，8～11 μm × 7～9 μm。夏秋季于林中地上单生或散生。该种有毒，不可采食。

分布于重庆等地。

蓝紫粉褶菌

Entoloma coelestinus

子实体小型；菌盖直径0.5~2 cm，圆锥形至扁半球形，深蓝紫色，表面有条纹；菌褶直生，稀，淡粉红色；菌柄长2~3 cm，粗0.05~0.1 cm，同菌盖色；孢子近椭圆形，8~11 μm×5~6.5 μm。春夏之交于林下苔藓间单生或群生。该种有毒，不可采食。

分布于浙江、福建、重庆等地。

尖顶粉褶菇

Entoloma murraii

子实体小到中型；菌盖直径1~5 cm，黄色或橙黄色，圆锥形至钟形，中央顶部笔尖状突起；菌褶直生，宽，淡黄色；菌柄淡黄色，中空，长5~10 cm，宽0.2~0.5 cm；孢子近四面体形，9~12 μm×8~10 μm。春夏季于竹林或灌木林中地上单生或散生。该种有毒，不可采食。

分布于福建、重庆、四川、云南等地。

尖顶白粉褶菇

Entoloma murraii f. *albus*

子实体小到中型；菌盖直径1～5 cm，白色或粉白色，圆锥形至钟形，中央顶部笔尖状突起；菌褶直生，宽，粉红色；菌柄白色，中空，长5～10 cm，宽0.2～0.5 cm；孢子近四面体形，9～12 μm × 8～10 μm。春夏季于竹林或灌木林中地上单生或散生。该种有毒，不可采食。

分布于福建、重庆、四川、云南等地。

褐盖粉褶菇

Entoloma rhodopolium

子实体中等大；菌盖直径5～8 cm，灰白色至灰褐色，初期扁半球形，后平展至反卷，边缘具明显条纹；菌肉白色至粉色，较厚；菌褶直生至弯生，浅红褐色，较宽；菌柄长3～10 cm，粗0.5～1.5 cm；孢子粉红色，近球形，直径8～10 μm。春夏之交于林中地上散生。该种有毒，不可采食。

分布于吉林、河北、江苏、福建、重庆、四川、云南、广东等地。

直柄粉褶菌

Entoloma strictius

子实体小到中型；菌盖直径2～7 cm，圆锥形至平展，中央稍凸，灰褐色或稍淡，光滑，具不明显放射状条纹；菌肉粉色，薄；菌褶近离生，粉红色；菌柄长5～10 cm，粗0.3～0.6 cm，具不明显扭曲纵条纹，同盖色；孢子长椭圆形，10～13 μm × 7.5～9 μm。夏秋季于林中地上散生。该种有毒，谨慎采食。

分布于西南、华南等地。

铆钉菇科

Gomphidiaceae

玫瑰红铆钉菇

Gomphidius roseus

别名：皮鞋钉、粉红铆钉菇

子实体小到中等大；菌盖直径2～6 cm，漏斗状或近扁平状，玫红色，中央色深，黏；菌肉白色，较厚；菌褶延生，初期白，后变深绿色；菌柄上部白色，下半部粉红色，长3～6 cm，粗0.5～1.5 cm；孢子淡绿色，长椭圆形，12～18 μm × 5～7 μm。春末和秋冬之交于马尾松林下单生或群生，与马尾松等树种形成外生菌根。可食，味美。

分布于重庆、云南、福建等地。

绒毛铆钉菇

Gomphidius tomentosus

别名：绒盖铆钉菇

子实体较小；菌盖直径3～5 cm，近平展，中部稍突，橙褐色，具绒毛状小鳞片，表面干；菌肉淡褐色，中部厚；菌褶灰色带褐色，厚，延生，稀；菌柄长4～9 cm，粗0.5～0.8 cm，同盖色或稍浅，内部实心；孢子带褐色，长椭圆形或长纺锤形，16～20 μm × 6.5～7.5 μm。夏秋季于云杉、冷杉等针叶林地上单生或群生，与云杉、赤松、高山松等树种可形成外生菌根。可食用。

分布于吉林、西藏等地。

牛肝菌科

Boletaceae

长领粘牛肝菌

Boletellus longicollis

子实体小到中等大；菌盖直径3～8 cm，凸起成圆锥形，表面常皱凹，极黏，灰褐色至红褐色；菌肉淡黄色；菌管淡黄绿色，菌孔密；菌柄长6～12 cm，粗1.0～2.0 cm，极黏；菌环生于柄上部，白色；孢子椭圆形或卵圆形，10～14 μm × 8～11 μm。夏秋季于松阔混交林中地上单生、散生或群生。食毒特性未明。

分布于福建、重庆、海南等地。

虎皮小牛肝菌

Boletinus pictus

别名：虎皮牛肝菌、虎皮假牛肝菌

子实体中等大；菌盖直径5～14 cm，扁半球形，后扁平，有土红褐色绒毛状鳞片；菌肉厚，柔软，味柔和；菌管延生，黄色至黄褐色；菌柄长3～8 cm，粗0.5～1.2 cm，有绒毛状鳞片；孢子平滑，无色到淡黄色，长椭圆形，9～11 μm × 3～4 μm。夏秋季于落叶松林和云杉、冷杉林内单生或群生，为某些树木外生菌根菌。可食用，味较好。

分布于黑龙江、吉林、内蒙古、江苏、西藏、云南等地。

美柄牛肝菌

Boletus calopus

子实体中到大型；菌盖直径6～15 cm，半球形至扁半球形，白色、灰白色至灰褐色；菌肉白色至淡黄色，厚，伤变蓝色；菌管柠檬黄色，管孔圆形；菌柄长5～8 cm，粗2～3 cm，上部同菌管色，下部色深；孢子纺锤形，11～14.5 μm × 4～6 μm。夏秋季于松阔混交林中地上单生或散生，为外生菌根菌。可食，味道较好。

分布于福建、重庆、四川、云南等地。

双色牛肝菌
Boletus bicolor

别名：牛肝菌

子实体中到大型；菌盖直径5～16 cm，半球形，深苹果红、玫瑰红至污褐色；菌肉厚，黄色或稍浅，伤后渐变蓝色；菌管柠檬黄色，稍稀；菌柄上部橙黄色至黄色，下部同盖色，长5～10 cm，粗1～2.5 cm；孢子腹鼓状，8～12 μm × 4～5 μm。夏秋季于松阔混交林地上单生或群生，为外生菌根菌。可食。

分布于福建、重庆、四川、云南等地。

橙黄疣柄牛肝菌
Leccinum aurantiacum

子实体中等至较大；菌盖直径3～12 cm，半球形，橙红色；菌肉白色，厚；菌管直生，在柄周围凹陷，淡白色，受伤时变肉色，管口与菌盖同色，圆形；菌柄污白色，顶端多少有网纹；孢子淡褐色，长椭圆形或近纺锤形，17～20 μm × 5.2～6 μm。夏秋季于林中地上单生或散生。可食用，其味较好。

分布于黑龙江、吉林、河北、陕西、青海、四川等地。

黄褶孔牛肝菌
Phylloporus bellus

子实体小至中等大；菌盖直径3～6 cm，初扁半球形，后渐至近平展，黄褐至褐色；菌肉初白色，后黄色；菌褶延生，鲜黄色，成熟后呈黄褐色，伤变蓝色；菌柄上粗下细，长3～6 cm，粗0.5～1.5 cm，黄色；孢子褐色，椭圆形，9～10 μm × 4～5 μm。夏秋季于栎－马尾松等混交林中地上单生或散生，为外生菌根菌。可以食用。

分布于福建、重庆、四川、云南等地。

红黄褶孔牛肝菌
Phylloporus rhodoxanthus

子实体小到中型；菌盖直径3～10 cm，扁半球形至平展，土黄色至褐色；菌肉淡黄色，较厚；菌褶延生，较稀，橘黄色；菌柄土黄色或橙黄色，长3～8 cm，粗0.5～1.5 cm，向下渐小；孢子淡黄色，椭圆形或近纺锤形，10～13 μm × 4～5.5 μm。夏秋季于松栎混交林地上单生或散生，为外生菌根菌。可食。

分布于江苏、浙江、福建、湖北、重庆、四川、云南等地。

黄粉末牛肝菌

Pulveroboletus ravenelii

子实体小到中型；菌盖直径2～8 cm，初期扁半球形，后至平展，柠檬黄色，盖表被粉末状鳞片；菌肉白色至淡黄色，伤变蓝色；菌管直生，白色至黄褐色，伤变蓝绿色；菌柄同盖色，长6～15 cm，粗1～2 cm；孢子淡黄色，长椭圆形，9～12.5 μm × 4.5～6.5 μm。夏秋季于松阔混交林地上单生或群生。该种有毒，谨慎采食。

分布于安徽、浙江、福建、湖北、重庆、四川、贵州、云南等地。

乳牛肝菌

Suillus bovinus

子实体中到大型；菌盖直径4～12 cm，扁平状，土黄色至黄褐色，湿时黏；菌肉浅黄色，较厚；菌管直生或近延生，淡黄褐色；菌柄无腺点，长3～8 cm，粗0.5～2 cm，淡黄褐色；孢子淡黄色，长椭圆形，7～12 μm × 3～5 μm。春夏之交和晚秋至初冬季节于马尾松等林中地上散生、群生或丛生，为松属、云杉属等树种的外生菌根菌。可食。

分布于吉林、辽宁、江苏、浙江、安徽、江西、湖北、重庆、四川、云南、广东等地。

点柄乳牛肝菌

Suillus granulatus

子实体中至大型；菌盖直径5～15 cm，扁半球形至扁平，淡黄色至黄褐色；菌肉淡黄色，伤不变色，较厚；菌管直生或延生，白色至淡黄色，有腺点，常有小乳滴；菌柄淡黄色，长4～8 cm，粗1～2 cm，上部具腺点；孢子无色至淡黄色，长椭圆形，7～9 μm × 2.5～3.5 μm。夏秋季于松林或松阔混交林中地上单生、散生或群生，为某些松科植物外生菌根菌。可食用。

分布于东北、华东、西南、华南地区。

厚环粘盖牛肝菌

Suillus grevillei

子实体小至中等；菌盖直径4～10 cm，初半球形，后平展，光滑，黏，赤褐色；菌肉淡黄色；菌管淡灰黄色，伤变淡紫红色或带褐色，直生至近延生；柄长4～10 cm，粗0.7～2.3 cm，顶端有网纹，菌环厚；孢子无色，椭圆形或近纺锤形，8.7～10.4 μm × 3.5～4.2 μm。夏秋季于针叶林中地上单生或群生，与落叶松形成菌根关系。可食用，具抗癌作用。

分布于东北及内蒙古、青海、新疆、云南等地。

褐环粘盖乳牛肝菌

Suillus luteus

别名：黄乳牛肝菌、褐环乳牛肝菌

子实体中到大型；菌盖直径5～12 cm，初扁半球形，后至扁平，淡褐色、黄褐色或红褐色，光滑，极黏；菌肉白色，较厚，伤不变色；菌管直生，米黄色；菌柄淡黄色至淡褐色，长3～8 cm，粗1～2.5 cm；菌环生柄上部，褐色；孢子带黄色，长椭圆形，7～9 μm × 2.5～3 μm。春夏之交和晚秋至初冬季节于马尾松林中地上单生或散生，为马尾松等树种的外生菌根菌。可食。

分布于黑龙江、吉林、辽宁、山东、浙江、江西、湖南、重庆、云南等地。

粘盖乳牛肝菌

Suillus viscidipes

子实体小型；菌盖直径1～3 cm，扁半球至平展，黄褐色至棕红褐色，极黏；菌管直生至近凹生，管孔黄褐色；菌柄长3～5 cm，粗0.1～0.3 cm，常弯曲，肉色至淡黄色，黏；孢子褐黄色，近纺锤形，9～15 μm × 3～5 μm。春夏季于松阔混交林中单生或群生，为外生菌根菌。可食。

分布于浙江、福建、重庆等地。

绒盖乳牛肝菌

Suillus tomentosus

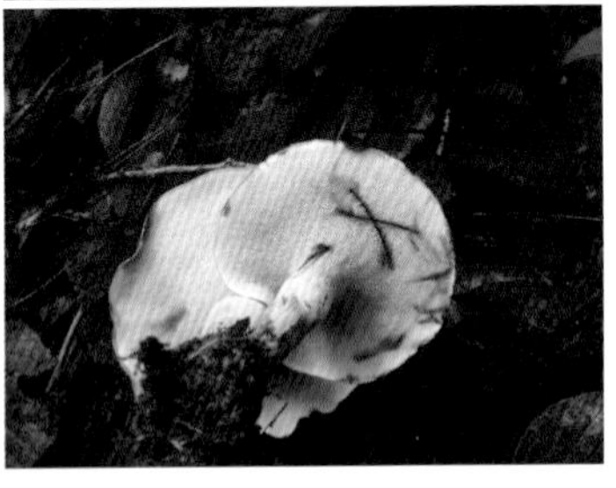

别名：绒粘盖牛肝菌

子实体中到大型；菌盖直径5～15 cm，扁半球形至平展，淡黄色至浅黄褐色，表面密被细小绒毛；菌肉黄白色，稍厚，伤变蓝色；菌管弯生至直生，管口多角形；菌柄长4～12 cm，粗1～3 cm；孢子带黄色，椭圆状近纺锤形，7～12 μm × 3～5 μm。夏秋季于松林或松阔混交林中地上单生或群生，为外生菌根菌。可食。

分布于重庆、福建、广东等地。

紫盖粉孢牛肝菌

Tylopilus eximius

别名：超群粉孢牛肝菌

子实体中到大型；菌盖直径3～15 cm，扁半球形至平展，褐色至紫褐色，表面被细绒毛，不黏；菌肉白色至浅紫色，厚，伤不变色；菌管凹生或离生，暗紫色，伤不变色；菌柄同盖色或稍深，长2～8 cm，粗1～3 cm；孢子黄褐色，长椭圆形，10～16.5 μm × 3～5 μm。夏秋季于针阔混交林地上单生或散生，为马尾松等树的外生菌根菌。可食，微苦，口感差。

分布于湖北、重庆、四川、贵州、云南等地。

新苦粉孢牛肝菌

Tylopilus neofelleus

子实体中到大型；菌盖直径5～12 cm，初期扁半球形，后平展，肉桂色、浅土黄色，表面绒毛状；菌肉白色，厚，伤不变色；菌管同盖色，稍浅，伤不变色；菌柄长6～15 cm，粗1.5～3 cm，基部膨大，同菌盖色；孢子长椭圆形，7～10 μm × 3～5 μm。夏秋季于松阔混交林地上单生或散生。味苦，不宜食用。

分布于重庆、福建等地。

铅紫粉孢牛肝菌

Tylopilus plumbeoviolaceus

子实体中到大型；菌盖直径5～20 cm，扁半球形，初淡紫色，成熟后橄榄褐色；菌肉厚，白色，味苦；菌管奶油色至酒红色，孔径细小；菌柄长8～12 cm，粗1.5～2 cm，淡紫色；孢子褐色，椭圆形，9～12 μm × 3～5 μm。夏秋季于松阔混交林中地上散生或群生，属外生菌根菌。味苦，不宜食用。

分布于福建、重庆、四川、云南等地。

红绒盖牛肝菌

Xerocomus chrysenteron

子实体中等大；菌盖直径3~10 cm，半球形至扁半球形，暗红色至污褐色或土红色，表面被短绒毛；菌肉浅黄色，稍厚，伤变蓝色；菌管黄色带蓝，伤变蓝色；菌柄长3~5 cm，粗0.5~1.2 cm，黄色带淡红色色调；孢子淡黄褐色，近纺锤形，10.5~12.5 μm × 5~8 μm。夏秋季于松阔混交林地上单生或群生，为外生菌根菌。可食。

分布于华东、华南、西南地区。

松塔牛肝菌科

Strobilomycetaceae

梭孢南方牛肝菌

Austroboletus fusisporus

子实体小到中型；菌盖直径1.5~5 cm，半球形至圆锥形，表面极黏，有鳞片，黄褐色；菌肉白色，较厚；菌管长，粉白至粉红色，离生，菌孔多角形；柄黏，具纵向排列的网纹，长3~6 cm，粗0.3~0.5 cm；孢子纺锤形，13.5~18 μm × 8~10 μm。夏秋季于松栎等松阔混交林中地上单生或散生，属外生菌根菌。可食。

分布于重庆、四川、云南等地。

细柄南方牛肝菌
Austroboletus gracilis

子实体中等大；菌盖直径3～8 cm，扁半球形或半球形，淡红色至红褐色，被颗粒状物；菌肉白色，稍厚；菌管白色至淡红褐色；菌柄长5～12 cm，粗0.5～1 cm，同盖色；孢子长椭圆形，9～15 μm × 4～6 μm。夏秋季于阔叶林中地上单生或群生，为菌根菌。该种食毒不明。

分布于重庆、福建等地。

亚绿南方牛肝菌
Austroboletus subvirens

子实体中等大；菌盖直径3～9 cm，初期半球形，后平展，暗绿色至橄榄绿色；菌肉白色，较厚；菌管初期白色，后至粉红色，管口较密，多角形；菌柄长3～8 cm，粗0.5～1.2 cm，淡黄色带粉红色，具交叉状纵向网纹；孢子纺锤形，12～18 μm × 5～8 μm。夏秋季于松阔混交林地上单生或群生，为外生菌根菌。该种食毒不明。

分布于福建、重庆、贵州、云南等地。

混淆松塔牛肝菌

Strobilomyces confusus

子实体中到大型；菌盖直径3～10 cm，初扁半球形，成熟后平展，黑褐色至黑色，密生小块鳞片；菌肉白色，伤变红色，较厚；菌管灰色至浅黑色，管孔多角形；菌柄长4.5～8 cm，粗1～2 cm，与菌盖同色；孢子浅褐色，椭圆形至近球形，10～12 μm × 9～11 μm。夏秋季于阔叶林或松阔混交林地上单生或散生，为外生菌根菌。可食。

分布于重庆、四川、云南、广西等地。

绒柄松塔牛肝菌

Strobilomyces floccopus

别名：松塔牛肝菌

子实体中等大；菌盖直径5～15 cm，半球形至平展，棕褐色至紫褐色，表面被块状鳞片；菌肉白色，伤变锈红色；菌管直生或近延生，白色至灰褐色，伤变锈褐色；菌柄同盖色，密被粗鳞片，长4～10 cm，粗1～2.5 cm；孢子淡褐色，近球形，直径8～12 μm。夏秋季于阔叶林或松阔混交林地上单生或散生。幼时可食。

分布于全国各地。

红菇科
Russulaceae

松乳菇
Lactarius deliciosus

别名：松菌、空洞菌

子实体中至大型；菌盖直径4～12 cm，扁半球形，中央下凹，表面有明显的同心环带，黄色或橙黄色，伤变蓝绿色；菌肉白色至粉黄色，伤变橘红色；乳汁少；菌褶同盖色，直生，伤变绿色；菌柄同盖色，长2～5 cm，粗0.5～1.5 cm；孢子无色，长椭圆形，8～12 μm×7～8 μm。夏秋季于松林或松阔混交林地上散生或群生，为云杉、马尾松等树种的外生菌根菌。该种为著名美味食用菌。

我国温带、亚热带地区广泛分布。

宽褶黑乳菇
Lactarius gerardii

子实体中等大；菌盖直径3.5～12 cm，初半球形后渐至平展，中部略下凹，黄褐色至黑褐色；菌肉白色，乳汁白色；菌褶直生至延生，稀，白色至乳白色；菌柄长3.5～8 cm，粗1～2 cm，黑褐色，外被丝状物；孢子无色，近球形，7～10 μm × 7.5～9 μm。夏秋季于针阔混交林地上单生、散生或群生，属外生菌根菌。可食。

分布于福建、重庆等地。

细质乳菇
Lactarius mitissimus

子实体小型；菌盖直径3～5 cm，中央下凹，常有小凸尖，橘红色至红褐色；菌肉浅黄色，薄；菌褶直生，密，淡黄色；乳汁白色；菌柄长3～10 cm，粗0.3～0.8 cm，同盖色稍浅；孢子近球形，直径7～10 μm。夏秋季于松阔混交林地上群生，为菌根菌。可食。

分布于吉林、重庆、四川、贵州等地。

辣乳菇
Lactarius piperatus

别名：白乳菇

子实体中等大；菌盖直径5～10 cm，初扁半球形，后平展至浅漏斗状，纯白色，不黏；菌肉白色，伤不变色；乳汁量少，白色；菌褶直生或近延生，密；菌柄光滑，白色，长2～6 cm，粗1～3 cm；孢子无色，椭圆形至近球形，6～8 μm × 5～7 μm。夏秋季于阔叶林或松阔混交林中地上散生或群生。可食，味道辛辣，煮水后炒食尚好。

分布于全国各地。

尖顶乳菇
Lactarius subdulcis

子实体小型：菌盖直径3～6 cm，成熟后呈浅漏斗状，中央有小凸尖，朽叶色至琥珀色，有时雨水冲刷呈近白色；菌肉白色，稍厚；菌褶直生，肉色；菌柄长3～8 cm，粗0.3～1 cm，同盖色；孢子近球形，7～10 μm。夏秋季于松阔混交林地上散生或群生，为菌根菌。可食。

分布于全国各地。

毛头乳菇
Lactarius torminosus

别名：疝疼乳菇

子实体中等大；菌盖直径4～11 cm，扁半球形至平展或中部稍下凹，深蛋壳色，具同心环纹，边缘被白色长绒毛；乳汁白色，不变色；菌肉白色，稍厚；菌褶直生至延生，白色；菌柄长3～7 cm，粗0.5～2 cm；孢子无色，有小刺，宽椭圆形，7.5～10 μm × 6～7.5 μm。夏秋季在林中地上单生或散生。该种有毒，谨慎采食。

分布于黑龙江、吉林、河北、青海、内蒙古、新疆、西藏等地。

多汁乳菇
Lactarius volemus

子实体中等至大型；菌盖直径5~12 cm，褐色至暗土红色，中部下凹呈浅漏斗状，表面光滑，无环带；菌肉白色，伤变褐色；乳汁白色；菌褶白色或带土黄色，稍密，不等长；菌柄长3~8 cm，粗1.2~3 cm，同菌盖色；孢子近球形，8.5~11.5 μm × 8.3~10 μm。夏秋季于针阔林中地上散生或群生，可与某些树木建立共生关系。该种为著名美味食用菌。

分布于黑龙江、吉林、江苏、江西、湖南、重庆、四川、西藏等地。

铜绿红菇

Russula aeruginea

别名：青脸菌

子实体中到大型；菌盖直径5~12 cm，扁半球至平展，淡绿色至暗铜绿色，老后边缘有条纹；菌肉白色，较厚；菌褶直生，白色至淡黄白色；菌柄白色，长3~8 cm，粗1~2 cm；孢子无色，近球形，直径6~7.5 μm。夏秋季于松阔混交林地上单生或群生。可食。

分布于福建、湖南、重庆、四川等地。

黄斑红菇

Russula aurata

子实体中等大；菌盖宽5～8 cm，平展至中部稍下凹，橘红色至橘黄色，中部色较深；菌肉白色，稍厚；菌褶淡黄色，直生至几乎离生，稍密；菌柄长3.5～7 cm，粗1～1.8 cm，圆柱形，肉质，内部松软后变中空；孢子7.5～11 μm × 6～8 μm。夏秋季在混交林中地上单生或群生。可食，味较好。

分布于黑龙江、吉林、安徽、河南、四川、贵州等地。

蓝黄红菇

Russula cyanoxantha

子实体中到大型；菌盖直径6～12 cm，扁半球形至平展，暗紫色、紫蓝色、绿灰色等，边缘不具明显条纹；菌肉白色，较厚；菌褶近直生，白色，稍密；菌柄长4～8 cm，粗1.5～3 cm，白色；孢子无色，近球形，直径7～9 μm。夏秋季于阔叶林或松阔混交林中地上散生或群生。可食用，味道较好。

分布于吉林、安徽、江苏、湖北、重庆、四川、西藏等地。

大白菇

Russula delica

子实体中到大型；菌盖直径5～15 cm，初期扁半球形，后平展至漏斗状，白色至污白色，表面干；菌肉白色，厚；菌褶近延生，白色，较密；菌柄粗短，长1～5 cm，粗1～3 cm，白色；孢子无色，近球形，直径8～10 μm。夏秋季于针阔混交林中地上单生或群生，为某些树种外生菌根菌。可食。

分布于吉林、河北、江苏、浙江、江西、湖北、重庆、四川、云南等地。

毒红菇

Russula emetica

子实体小到中型；菌盖直径5～10 cm，扁半球形至平展，珊瑚红色，老熟后色变淡，光滑，边缘有短棱；菌肉白色，薄；菌褶近凹生，白色；菌柄白色或带粉红色，长3～8 cm，粗1～2 cm；孢子无色，近球形，直径8～10 μm。夏秋季于林中地上单生或群生。该种有毒，慎重采食。

分布于全国各地。

臭黄菇
Russula foetens

别名：臭红菇、油辣菇

子实体中到大型；菌盖直径6～12 cm，初期扁半球形，后平展，土黄色，黏滑；菌肉脆，白色，恶臭；菌褶直生至离生，白色至污黄色；菌柄白色，长5～10 cm，粗1.5～2.5 cm；孢子无色，有小刺，近球形，直径8～10 μm。夏秋季于阔叶林或松阔混交林地上单生或群生。该种有毒，谨慎采食。

分布于黑龙江、吉林、山西、安徽、江苏、浙江、湖南、重庆、四川、云南、广西等地。

肉色红菇
Russula lilacea

别名：淡紫红菇

子实体小到中型；菌盖直径2～6 cm，扁半球形至平展，湿时黏，肉红色至肉色，边缘具条纹；菌肉白色，薄；菌褶离生，白；菌柄长4～8 cm，粗0.3～0.8 cm，白色或带粉红色；孢子近球形，直径7～10 μm。夏秋季于阔叶林中地上单生或群生。可食。

分布于西南、华南地区。

绒紫红菇

Russula mariae

子实体小到中型；菌盖直径4～8 cm，初扁半球形，后平展至中部稍凹，玫瑰红色，表面被细绒毛，成熟后边缘具短条纹；菌肉白色，薄；菌褶直生，白色，稍稀；菌柄长3～6 cm，粗1～2 cm，粉红色；孢子无色，近球形，直径7～9 μm。夏秋季于阔叶林或松阔混交林地上单生、散生或群生，为外生菌根菌。可食。

分布于河南、江苏、重庆、贵州、广西等地。

矮小红菇

Russula nana

子实体小型；菌盖直径2～4 cm，半球形至扁半球形，亮红色，有光泽，湿时稍黏；菌肉纯白色；菌褶直生，纯白色，等长；菌柄白色，等粗，长2～5 cm，粗0.3～0.8 cm，中空；孢子无色，近球形，直径6～8 μm。生于高山林下或苔原地区，为外生菌根菌。

分布于四川等地。

稀褶黑菇
Russula nigricans

子实体中到大型；菌盖直径5～12 cm，棕灰色至暗灰色，中部稍凹；菌肉白色，伤变红，最后呈黑色，较厚；菌褶凹生，白色，稍稀；菌柄初白色，后同盖色，长3～6 cm，粗1～2.5 cm；孢子无色，近球形，直径6～8 μm。夏秋季于阔叶林中地上单生或群生。该种有毒，慎重采食。

分布于吉林、江苏、江西、湖北、重庆、四川、云南、广西、广东等地。

蜜黄红菇
Russula ochroleuca

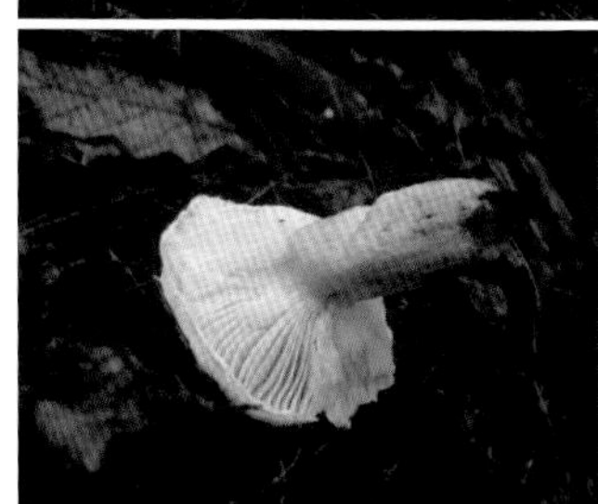

子实体中等大；菌盖直径3～8 cm，扁半球形至平展，中部稍下凹，蜜黄色，中部色稍深；菌肉白色，稍厚；菌褶白色，弯生；菌柄长3～6 cm，粗1～2 cm，同盖色稍浅；孢子无色，近球形，直径8～10 μm。夏秋季于阔叶林或针阔混交林中地上单生或散生，为外生菌根菌。可食。

分布于吉林、河北、江苏、浙江、江西、湖北、重庆、四川、云南等地。

紫红菇

Russula punicea

子实体小到中型；菌盖直径2.5～6 cm，扁半球形至平展，粉红色至玫瑰红色，中部色较深，表面被细粉状物；菌肉白色，稍厚；菌褶密，白色至粉色；菌柄白色或带粉红色，短，长2～5 cm，粗0.5～2 cm；孢子无色，具小疣，近球形，直径8～9 μm。夏秋季于阔叶林或松阔混交林地上散生，为树木外生菌根菌。可食。

分布于重庆、云南等地。

大红菇

Russula rubra

别名：大朱菇

子实体中到大型；菌盖直径4～12 cm，初半球形，后平展，中部稍下凹，绯红色，不黏；菌肉白色，厚；菌褶白色，离生，密；菌柄4～8 cm × 1.2～2.5 cm，白色至浅红色；孢子淡黄色，近球形，8～10 μm × 7～9.5 μm。夏秋季于阔叶林中地上散生，可与某些树种建立共生关系。可食，美味食用菌。

分布于黑龙江、辽宁、江苏、重庆、四川、云南等地。

血红菇
Russula sanguinea

子实体中等大；菌盖直径4～8 cm，初扁半球形，后平展，稍内卷，表面光滑，猩红色、血红色；菌肉白色，较厚；菌褶弯生或延生，白色带粉红色；菌柄白色带淡红色，长3～6 cm，粗0.5～2.5 cm；孢子浅黄色，有小疣，近球形，直径6.5～10 μm。夏秋季于松阔混交林中地上散生或群生。该种含抗癌物质，可入药。

分布于北京、河南、福建、重庆、云南等地。

亚稀褶黑菇
Russula subnigricans

别名：毒黑菇、火炭菇

子实体中到大型；菌盖直径5～12 cm，扁半球形，中部下凹，浅灰色带淡黄色；菌肉白色，伤变粉红色而不变黑色，较厚；菌褶直生或延生，伤变淡红色，较稀；菌柄污白色或浅灰色，长2～5 cm，粗1～2 cm；孢子无色，近球形，直径6～9 μm。夏秋季于阔叶林或松阔混交林地上单生或群生。该种有毒，具有较高致死率，不可采食。

分布于江西、湖南、重庆、四川等地。

变绿红菇

Russula virescens

别名：绿菇、青头菌等

子实体中至大型；菌盖直径4～12 cm，初半球形，后渐平展，中央稍凹，浅绿色至灰绿色；菌肉白，较厚；菌褶直生或离生，白色，较密；菌柄长3～10 cm，粗1～2.5 cm，白色；孢子无色，近球形至卵圆形，6～8.5 μm × 5～7.5 μm。夏秋季于阔叶林中地上单生或群生。可食用，味道好，并可入药。

分布于吉林、辽宁、河南、浙江、湖北、重庆、四川、云南等地。

硬皮马勃目 Sclerodermatales

本目蘑菇结构分化相对较简单，菌体呈球状或星状，皮层（包被）较硬，无真正的子实层，成熟时产生粉末状孢子。该类蘑菇一般为地生，部分为与植物具有共生关系的外生菌根菌，其种类较少，但利用价值较大，多数种类的孢子可用于止血消肿，部门种类为菌根菌，可用于营林，其中彩色豆马勃在林业森林培育中广为利用。

硬皮地星科
Astraceae

硬皮地星
Astraeus hygrometricus

子实体小型，幼时黑褐色，呈阔球形，1～1.5 cm×2～3 cm，成熟后开裂，包被3层，6～8瓣，反卷，灰褐色，质硬；内包被扁圆形，膜质，薄，灰色；孢子褐色，近球形，直径6～11 μm。春夏之交于林中地上单生或散生。可药用，孢子具止血功能。

分布于吉林、安徽、福建、重庆、贵州、云南等地。

巨型硬皮地星
Astraeus pteridis

子实体成熟后中至大型，幼时扁球形或近球形，表面被深褐色至黑色鳞片，成熟后开裂成5～13瓣裂片，硬，子实体整体呈多角星状，宽5～15 cm；产孢的内包被呈扁球形，软，灰色；无柄；孢子棕黑色，球形，直径7～12 μm。春至秋季于林中地上单生或散生。可入药，孢子可止血。

分布于辽宁、山东、陕西、重庆、贵州、云南等地。

硬皮马勃科
Sclerodermataceae

橙黄硬皮马勃

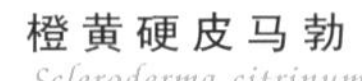

子实体小到中型，直径2～8 cm，近球形，污黄色到黄褐色，皮层厚，表面被鳞片，成熟后不规则开裂；无菌柄，基部有菌索插入基质；孢子体初期淡紫黑色，成熟后呈粉末状；孢子褐色，近球形，直径8～12 μm。夏秋季于林中地上单生或散生，为外生菌根菌。该种有微毒。

分布于重庆、福建、广东、广西等地。

彩色豆马勃

Pisolithus tinctorius

别名：彩色豆包菌

子实体球形，直径2～12 cm，土黄色至锈褐色，内部具浅黄色豆状小包，成熟后表皮脱落，小孢分化成孢子散落；孢子褐色，近球形，直径7.5～12 μm。夏秋季于阔叶林或松阔混交林地上散生，为壳斗科等树种的重要外生菌根菌。幼时可食；孢子可止血、消肿。

分布于全国各地。

本目真菌初期为球状或卵状，白色至污白色，内有胶质黏液，成熟后子实体呈柱状或笼头状，颜色多样，多为白色、橙色或红色，菌肉海绵质，孢子聚集于菌体顶端或内侧，呈橄榄褐色带臭味的黏液状。此类真菌为地生，数量较少，部分种类为美味食用菌。

笼头菌科
Clathraceae

细笼头菌
Clathrus gracilis

子实体小到中型；菌蕾扁球形，直径2～3 cm，白色至淡褐色；成熟后臂托笼头状，近球形，直径3～5 cm，网格五角形或多角形，白色；菌托白色，以白色菌索固着于地上；孢体暗绿色，味臭；孢子无色，椭圆形，4～6.5 μm × 2～2.5 μm。春夏之交于阔叶林或竹林中地上单生、散生或群生。对某些昆虫幼虫生长有抑制作用，可用于生防试剂开发。

分布于福建、湖南、重庆、广西等地。

橙黄假笼头菌
Pseudoclathrus sp.

别名：灯笼菌

菌蕾卵形至近卵形，灰白色，直径3～6 cm；成熟时子实体大型，高12～25 cm，菌柄部分伸出菌托之外，长2～5 cm，粗1.5～3 cm，中空，深肉桂色至橙黄色；托臂6条，带状，弧形，带宽2～3 cm，橙黄色；孢体生于托臂内侧，橄榄褐色，恶臭；孢子无色，圆柱形，3.5～5.2 μm × 1.8～3.2 μm。夏秋之交于林中地上单生或散生。不能食用。

分布于重庆等地。

尾花菌
Anthurus archeri

子实体初期为倒卵圆形菌蕾，成熟后伸出似柄状的基部和托臂；基部圆形，淡红色，中空，高2～5 cm，粗1～2 cm；托臂2～5枚，红色至猩红色，中部宽1～2.5 cm；孢体生托臂内侧，绿褐色，恶臭；孢子无色，椭圆形或长椭圆形，4～6 μm × 2～3 μm。春秋季节于林中地上单生或散生。该种含杀菌物质。

分布于重庆、福建、台湾等地。

鬼笔科
Phallaceae

黄裙竹荪
Dictyophora multicolor

别名：杂色竹荪

子实体中到大型；菌蕾近球形，褐色至暗棕色；子实体成熟后菌盖呈钟状，直径2～4 cm，高3.5～5 cm，橘黄色；菌裙生菌盖下，橘黄色，高5～8 cm，具网格；菌柄淡黄色，海绵质，长8～12 cm，粗2～4 cm；孢子椭圆形，3～5 μm × 1～2 μm。夏秋季于竹林、阔叶林中地上散生或群生。可入药，能治脚气病。

分布于江苏、浙江、安徽、福建、湖南、重庆、云南、广东等地。

蛇头菌
Mutinus canius

菌蕾小，近球形，直径1～2 cm，高1～2.5 cm，白色；子实体成熟后孢托近圆柱形，向上稍细，长5～8 cm，粗1～1.5 cm，红色或稍浅，基部与菌托相连；孢体生孢托上端，橄榄褐色；孢子淡橄榄色，椭圆形，3～5 μm × 1～2 μm。春夏季于林竹中地上散生。不可食用。

分布于北京、河北、安徽、江苏、重庆、云南、广东等地。

红鬼笔

Phallus rubicundus

子实体中型；菌蕾球圆形至卵圆形，污白色；子实体成熟后高10～20 cm；菌盖狭圆锥状，高1.5～3.5 cm，粗1～1.5 cm，暗红色，表面着生黑色恶臭味孢体；菌柄淡黄色至橙红色，长5～18 cm，粗0.5～1.8 cm，中空；菌托白色；孢子椭圆形，3.5～5 μm × 1.5～2.2 μm。春至秋季于林地、旷野等地上单生或群生。该种有毒；民间用于治疗疮疽。

分布于全国各地。

细黄鬼笔

Phallus tenuis

子实体较小，高7～10 cm；菌盖小，钟形，顶端平，具一小孔，盖黄色，有明显的小网格，其上黏而臭、青褐色的孢体；菌柄细长，海绵状，淡黄色，长5～7 cm，粗0.8～1.0 cm，内部空心，向上渐尖细，基部有白色菌托；孢子椭圆形，2.5～3 μm × 1.5 μm。春至秋季于林下单生或散生。该种有毒，不能食用。

分布于吉林、西藏等地。

马勃目
Lycoperdales

本目蘑菇呈近球状、头状或星状，成熟时呈粉末状，典型地由浅色孢子和发育良好的孢丝构成，其皮层（包被）不硬，这是外观上与硬皮马勃的典型区别。该类菌一般为地生，极少数生于枯木或腐根上，具有一定的利用价值，部分幼嫩时可食，大多数种类的孢子具有止血作用。

地星科
Geastraceae

小地星
Geastrum minimum

子实体小型，初期扁球形，灰褐色至黑褐色，成熟后破裂，形成5～11瓣裂片，瓣片小，长0.5～1.5 cm，最宽处0.5～1 cm，肉色至浅棕黄色；内包被有短柄，近球形、卵形或梨形，烟灰色至茶褐色；孢子浅棕色至黑褐色，球形或近球形，2.5～3 μm × 5～5.5 μm。春夏之交于林中地上单生或散生。可入药，孢子能止血。

分布于新疆、青海、宁夏、陕西、四川、重庆、云南等地。

袋形地星

Geastrum saccatun

子实体较小，幼时扁球形至近球形，成熟后开裂呈瓣片状，整体宽1～6 cm；外包被3～8裂，袋状，内侧光滑，近白色，外侧蛋壳色、棕黄色；内包被球形、扁球形，浅肉桂灰色，顶部有锥形突起；孢子棕色至暗棕色，有小疣，近球形，直径3～6 μm。夏秋季于林中地上单生或群生。可药用。

分布于河北、山西、重庆、四川、重庆、云南、西藏等地。

尖顶地星

Geastrum triplex

子实体小型，初期扁半球形，成熟后上部开裂成5～8瓣片，瓣片表面蛋壳色，脆；内包被无柄，粉灰色至烟褐色，近球形，直径1.5～2.5 cm，尖状突起；孢子黄棕色至暗棕色，表面有疣状物，球形或近球形，直径3～6.5 μm。夏秋季于林中地上单生或散生。可入药，孢子具止血、消炎等药用功效。

分布于黑龙江、吉林、北京、河北、安徽、江西、湖南、重庆、四川、云南等地。

马勃科
Lycoperdaceae

头状秃马勃
Calvatia craniiformis

别名：头状马勃

子实体中等大，陀螺形或倒卵形，高4～8 cm，宽5～8 cm，淡茶色至酱色，表面常有皱纹，初期具细绒毛，后期脱落；不育基部发达；包被两层，薄；成熟后上部开裂；孢体黄褐色，孢子有疣，近球形，直径4～6 μm。夏秋季于林中地上单生或散生。幼时可食，并可药用。

分布于吉林、河北、江苏、福建、江西、湖南、重庆、四川、云南、广西等地。

长刺马勃
Lycoperdon echinatum

子实体小至中型，球形、近梨形，头部直径2.5～5 cm，被白色、褐色、黄褐色长刺；基部呈圆柱形或向下渐小的圆锥形，有白色菌索固定于基质中；孢子黄褐色至褐色，球形，直径3～5 μm。春至秋季于阔叶林中地上单生或散生，为某些阔叶树的外生菌根菌。

分布于福建、重庆等地。

网纹马勃
Lycoperdon perlatum

别名：网纹灰包

子实体小到中等大，近球形或梨形，高3~8 cm，宽1~3.5 cm，白色至黄褐色，表面具小刺，易脱落；不育基部呈柄状，较发达；孢体黄色至褐色；孢子橄榄色，具小疣，近球形，直径4~6 μm。夏秋季于林中地上单生或群生。幼嫩时可食，孢子具有止血、消炎等功效。

分布于全国各地。

鸟巢菌目
Nidulariales

本目真菌形态十分特别，多呈杯状、倒圆锥形、漏斗形等形状，内有多个小豆状的小包，小包内藏埋孢子，因菌体形状似鸟巢，“巢”内又有卵一样的小包，故名鸟巢菌，一般生于腐木、枯枝或农作物腐烂秸秆上。有趣的是，该类菌的一些种类的发生与气候有关，若子实体丰满，则预示该年风调雨顺，具有自然“气候预报员”的美称。

鸟巢菌科 Nidulariaceae

柯氏黑蛋巢 *Cyathus colensoi*

子实体小型,高0.4~1.2 cm,宽0.3~1.0 cm,倒圆锥形或杯形;具较小菌丝垫,土色;包被外侧土黄色、棕黄色,被有同色的绒毛,无纵条纹;内侧灰白色、烟灰色至褐色;小孢扁,圆形,灰白至暗褐色;孢子椭圆形至近球形,7~10 μm × 6.5~10.5 μm。春夏之交于林下、草丛中枯枝上单生、散生,对纤维素有较弱分解力。

分布于黑龙江、吉林、山西、陕西、四川、重庆、云南等地。

白绒红蛋巢

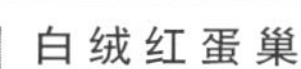

Nidula niveo-tomentosa

子实体小型,杯状或桶状,高0.3~0.9 cm,宽0.4~0.8 cm,幼时具白色、粉黄色盖膜;成熟后内侧白色、污白色,常着生苔藓呈绿色,密被细绒毛,外侧白色、肉色至浅黄棕色;内外侧均无条纹;小包扁圆形,直径0.5~1.5 mm,红褐色至暗栗色;孢子卵形至椭圆形,5~9 μm × 4~7 μm。春夏之交于腐木、枯枝上群生。该种含抗真菌物质,可用于生防试剂的研制。

分布于江苏、安徽、江西、湖北、重庆、四川、云南、广西、广东等地。

图鉴系列

中国昆虫生态大图鉴（第2版）　张巍巍　李元胜
中国鸟类生态大图鉴　郭冬生　张正旺
中国蜘蛛生态大图鉴　张志升　王露雨
中国蜻蜓大图鉴　张浩淼
青藏高原野花大图鉴　牛　洋　王　辰　彭建生
中国蝴蝶生活史图鉴　朱建青　谷　宇　陈志兵　陈嘉霖
常见园林植物识别图鉴（第2版）　吴棣飞　尤志勉
药用植物生态图鉴　赵素云
凝固的时空——琥珀中的昆虫及其他无脊椎动物　张巍巍

野外识别手册系列

常见昆虫野外识别手册　张巍巍
常见鸟类野外识别手册（第2版）　郭冬生
常见植物野外识别手册　刘全儒　王　辰
常见蝴蝶野外识别手册　黄　灏　张巍巍
常见蘑菇野外识别手册　肖　波　范宇光
常见蜘蛛野外识别手册（第2版）　王露雨　张志升
常见南方野花识别手册　江　珊
常见天牛野外识别手册　林美英
常见蜗牛野外识别手册　吴　岷
常见海滨动物野外识别手册　刘文亮　严　莹
常见爬行动物野外识别手册　齐　硕
常见蜻蜓野外识别手册　张浩淼
常见螽斯蟋蟀野外识别手册　何祝清
常见两栖动物野外识别手册　史静耸
常见椿象野外识别手册　王建赟　陈　卓
常见海贝野外识别手册　陈志云
常见螳螂野外识别手册　吴　超

中国植物园图鉴系列

华南植物园导赏图鉴　徐晔春　龚　理　杨

自然观察手册系列

云与大气现象　张　超　王燕平　王
天体与天象　朱　江
中国常见古生物化石　唐永刚　邢立达
矿物与宝石　朱　江
岩石与地貌　朱　江

好奇心单本

昆虫之美：精灵物语（第4版）　李
昆虫之美：雨林秘境（第2版）　李
昆虫之美：勐海寻虫记　李
昆虫家谱　张
与万物同行　李
旷野的诗意：李元胜博物旅行笔记　李
夜色中的精灵　钟　茗　奚
蜜蜂邮花　王荫长　张巍巍　缪
嘎嘎老师的昆虫观察记　林义祥（嘎
尊贵的雪花　王燕平　张